Norbert Kalindula

Connaissance rationnelle et théorie du fondement des sciences

Débat à partir de Jean Ladrière

ACADEMIA

Connaissance rationnelle et théorie du fondement des sciences

Débat à partir de Jean Ladrière

D2021/4910/62 ISBN : 978-2-8061-0623-0

Grand'Place, 29
B-1348 Louvain-la-Neuve

www.editions-academia.be

À Mgr Tharcisse Tshibangu

Infatigable lecteur, modèle d'esprit critique et lumineux

Hommage respectueux

À Maman Modestine Mangaza, ma très chère mère, et à Agnès Édith Dioso, ma très chère épouse, en témoignage de toute l'affection reçue.

À Agnès Édith Akite, ma très chère fille

AVANT-PROPOS

Amorcer une réflexion sur la connaissance rationnelle et la théorie du fondement des sciences peut-il avoir une portée significative dans l'épistémologie contemporaine ? Il s'agit là d'une interrogation sur base de laquelle s'organise l'ensemble de la réflexion que cet essai suggère. La critique philosophique est appelée à reprendre à nouveaux frais le débat séculaire sur le fondement des sciences dans la mesure où ce débat lui impose des tâches nouvelles. C'est à ce débat que se consacre cet ouvrage. Nous y esquissons un lien indéfectible et indissociable entre les concepts de rationalité et de fondement et nous mettons en relief la connaissance rationnelle et la théorie du fondement des sciences. À partir de ce lien, nous abordons le problème des fondements des sciences. Nous précisons que l'idée de science, en sa visée la plus essentielle, reste celle « d'un savoir critique (c'est-à-dire conscient de ses propres démarches et de leur portée), systématique (c'est-à-dire articulé selon les impératifs d'une logique interne), visant au-delà de toute description, une véritable compréhension de l'objet, et guidé par l'intention d'être adéquat à son objet, c'est-à-dire d'être vrai »[1].

L'intention générale dans la perspective de laquelle s'inscrivent les concepts de rationalité et de fondement et en laquelle cet ouvrage puise sa matrice est d'apporter une contribution au débat séculaire sur les fondements des sciences. Ce débat se trouve approfondi dans le domaine de la logique mathématique et des mathématiques pures. La reprise de ce débat à partir de l'épistémologie critique de Jean Ladrière a l'avantage d'élargir la réflexion sur les sciences de la nature (notamment la biologie) et certaines sciences humaines (dont l'histoire et la linguistique).

---

[1] J. LADRIÈRE, *Sens et vérité en théologie. L'articulation du sens*. III., Paris, Cerf, 2004, p. 65.

L'analyse qui est amorcée ici montre la pertinence de la conceptualisation dans la clarification des questions épistémologiques. C'est dans ce sens que se situe la portée du concept. Cela montre que l'analyse des concepts de base, autour desquels s'organise la réflexion contenue ici, fournit un cadre susceptible d'apporter des ressources méthodologiques très efficaces à l'approfondissement et à la clarification de la théorie du fondement des sciences. La vertu du concept, « c'est qu'il est un instrument de clarté et qu'il a la capacité d'armer le discours d'une articulation qui lui donne cohérence et systématicité »[2]. C'est en s'inscrivant dans cette perspective que s'offre la compréhension des concepts de raison et de fondement.

Certes, le concept de fondement est emprunté à l'art de bâtir[3], de construire. Celui de raison tire son origine dans l'histoire de la philosophie. Cela fait que la philosophie, dès ses origines, aborde la question du fondement de la connaissance au moyen de laquelle elle tente de dire l'expérience, de révéler son intelligibilité, mieux, sa structure constitutive. Or elle n'y parvient que par les ressources que la raison lui fournit afin de construire un savoir critique, c'est-à-dire un savoir fondé, un savoir rigoureusement construit.

Le construit suppose un fondement qui, du reste, n'est pas visible. Cela signifie que le construit, en tant qu'il est

---

[2] J. LADRIÈRE, *Sens et vérité en théologie,* p. 67.

[3] Une réflexion hautement philosophique, mettant en connexion bâtir, habiter et penser, nous est suggérée dans les célèbres *Essais et conférences* de Martin Heidegger. Ces trois concepts, de manière à la fois métaphorique et analogique, renvoient à une même réalité, à l'acte de penser, qui est un acte de raison. On bâtit pour habiter, on habite pour penser et on pense comment bâtir et comment habiter. C'est donc l'habitation qui est au cœur du bâtir et du penser. Comme le souligne bien Martin Heidegger lui-même, bâtir et penser, chacun à leur manière, sont toujours pour l'habitation inévitables et incontournables. Lorsqu'ils s'écoutent l'un l'autre, bâtir et penser font partie de l'habitation (p. 192-193). C'est en définitive la question de l'être qui, en vérité, y est sous-tendue. Pour plus de détails, lire M. HEIDEGGER, *Essais et conférences* (trad. André Préau et préface J. Beaufret), Paris, Gallimard, 1978, p. 170-193.

visible, tient du fondement, qui, en tout cas, est invisible. Mais le fondement tient de lui-même et non d'un autre.

Il s'agit là d'une métaphore. Celle-ci guide toute la réflexion contenue dans le présent exposé. Ce qui y est clairement indiqué, c'est le rôle de la raison dans la théorie du fondement des sciences. Celles-ci révèlent, dans leurs développements, l'opérativité de la raison. Parce qu'elles construisent des connaissances, elles possèdent une instance sur laquelle leurs constructions reposent. Nous ne parvenons, semble-t-il, au construit que par le fondement. Le construit étant visible, apparent, suppose le fondement, compris à la fois comme support invisible et ce sans quoi le construit est du reste impensable.

La théorie du fondement des sciences, telle que conçue et présentée, mérite une attention particulière. Les péripéties qui ont marqué son développement sont celles qui concernent les crises qui sont apparues au sein des sciences (surtout en mathématiques) à partir du XIXe siècle et qui ont constitué un moment décisif dans les recherches sur les fondements. Nous pouvons même dire que ce sont ces crises qui sont à la base de la naissance des métasciences afin de conférer aux sciences une cohérence et une consistance[4]. Plus précisément, les métasciences ont eu

[4] Nous pouvons retenir principalement les crises apparues au sein des sciences mathématiques et qui, en remettant en cause l'édifice mathématique, ont poussé les mathématiciens à proposer des solutions efficaces afin de doter la pensée mathématique des présupposés capables de fonder l'édifice mathématique tout entier. C'est ainsi que, sous l'inspiration de David Hilbert, une discipline nouvelle est née : la métamathématique. Mais il convient également de noter que des recherches sur les fondements des mathématiques ont été amorcées par certains auteurs au XIXe siècle. Nous pouvons, pour des raisons de commodité et de précision historique, mentionner les travaux de Gottlob Frege qui, notamment dans *Les fondements de l'arithmétique* de 1884, s'est intéressé à la question des fondements bien avant sans toutefois postuler l'existence d'une discipline qui serait une sorte d'instance supérieure chargée d'assurer la cohérence et la consistance à l'édifice mathématique lui-même. Le XIXe siècle se distingue par l'axiomatisation. Nous pouvons même dire que c'est le règne de l'axiomatisation ; règne qui aura une influence remarquable sur les travaux du XXe siècle. À côté

pour objectif de juguler ces crises et d'assurer un fondement aux connaissances élaborées par les sciences. Ainsi ont-elles acquis le statut d'instances supérieures chargées d'assurer la cohérence et la consistance à l'édifice scientifique.

Cette position est restée longtemps admise et fait presque l'unanimité des spécialistes. Mais nous pensons qu'en s'arrêtant là, elle reste peu satisfaisante et incomplète, car elle ne précise pas le rôle irremplaçable de la raison dans la théorie du fondement. Nous apportons un démenti et précisons ce rôle. Prenant appui sur Jean Ladrière, nous soutenons que « la raison est ce royaume de figures qui se constitue par la *poiêsis*, par ce qu'on pourrait appeler l'action instauratrice ; et corrélativement, elle est cette action même, c'est-à-dire le processus même de l'instauration de ses propres figures »[5]. Elle est, en un mot, fondatrice des figures en lesquelles elle se découvre et ne cesse de se manifester. Ces figures, dans l'ordre théorique, sont les sciences et les métasciences.

Ainsi pensons-nous qu'il est légitime de poser la raison comme instance fondatrice ou, ce qui revient au même, instauratrice des sciences. Cette nouvelle position trouve sa justification dans le postulat admis, selon lequel les sciences sont des formes en lesquelles la raison se rend davantage

---

des travaux de Frege, nous pouvons évoquer ceux de Dedekind, de Peano, de Cantor. Il importe également d'indiquer que les travaux de Georg Cantor et de David Hilbert, Herbrand, Gerhard Gentzen ont eu un impact sur les recherches fondationnelles des débuts du XXe siècle. C'est sous cette mouvance que le mathématicien autrichien Kurt Gödel va construire ses théorèmes de complétude et d'incomplétude de l'arithmétique. En Angleterre, Bertrand Russell et Alfred North Whitehead en sont les figures de proue, surtout dans leur monumental *Principia mathematica*. En France, des noms comme ceux de Henri Poincaré, Émile Borel, Nicolas Bourbaki (dans ses *Éléments de mathématiques*) sont à retenir dans le développement des fondements de la pensée mathématique. En ce qui concerne plus particulièrement le problème sur les fondements des mathématiques et leur signification, l'étude monumentale et ingénieuse de Jean Ladrière sur *Les limitations internes des formalismes* mérite d'être évoquée avec aplomb.

[5] J. LADRIÈRE, *La foi chrétienne et le destin de la raison,* Paris, Cerf, 2004, p. 164.

manifeste. Mieux, les sciences sont les figures par excellence de la raison d'autant plus que « la raison ne s'apparaît à elle-même que dans son exercice et ne peut se reconnaître que dans ses œuvres »[6].

Une telle position est celle que l'ensemble de cette étude soutient. Elle a l'avantage de présenter les sciences et les métasciences comme les figures de la raison et de poser que les métasciences ne sont pas à proprement parler des instances fondatrices des sciences.

En tant qu'instance fondatrice, créatrice et organisatrice de la pensée, la rationalité occupe une place centrale dans le processus de recherche et de donation de sens. On pourrait sans doute considérer qu'elle est ce qui nous conduit à la fois à discerner la validité et les limites d'un savoir, d'un langage, d'une forme de pensée ou d'un questionnement et à ouvrir une requête de sens. Elle engendre et assure un processus de justification de ce qu'elle met en œuvre. Ainsi, selon Jean Ladrière, « la possibilité la plus intérieure de la raison est de constituer un discours capable de se donner à lui-même ses justifications, à partir de ses seules ressources… »[7]. Pour lui, un aspect tout à fait caractéristique de la raison est le fait que « c'est un pouvoir d'éclairement et de compréhension qui peut s'appuyer entièrement sur ses propres ressources internes »[8]. On comprend dès lors que son œuvre reste traversée et dominée, dans son ensemble, par le thème de la rationalité, dans la mesure où ce thème y occupe une place déterminante et se veut être ce à partir de quoi il est désormais possible de poser le problème des fondements des sciences.

---

[6] J. LADRIÈRE, « Les figures de la raison », in G. FLORIVAL (éd.), *Figures de la rationalité. Études d'anthropologie philosophique.* IV, Paris – Louvain-la-Neuve, Librairie Philosophique J. Vrin – Éditions de l'Institut Supérieur de Philosophie – Librairie Peeters, 1991, p. 112.

[7] J. LADRIÈRE, *L'articulation du sens.* I. *Discours scientifique et parole de la foi*, Paris, Cerf, 1984, p. 7.

[8] J. LADRIÈRE, *La foi chrétienne et le destin de la raison*, p. 82.

Gilbert Gérard a bien raison de nous rappeler qu'il y a incontestablement, parmi les fils rouges qui traversent et organisent la pensée de Jean Ladrière, « la question de la rationalité, thème effectivement central »[9] dans la mesure où ce thème recoupe une dimension essentielle de notre destinée d'hommes. Ce thème de la rationalité[10] se trouve en effet caractérisé dès le départ, sur le plan de l'épistémologie, d'une façon adéquate, par la question des fondements théoriques, particulièrement en mathématiques, dont l'incomplétude des formalismes se veut désormais être ce sur quoi repose la réflexion fondamentale sur les développements des sciences. D'où, une attention tout à fait particulière aux analyses des démarches scientifiques transparaît dans l'œuvre de Jean Ladrière et recoupe presque toutes les disciplines scientifiques.

Tout ceci induit un discernement et ouvre à une théorie des fondements dans la mesure où la quête de sens et de signification des figures dans lesquelles la raison se révèle est un immense travail de clarification, de thématisation et de systématisation. Ce qui suggère un processus de justification des démarches des sciences et de leurs postulats. Dès lors, la mise en œuvre de l'exigence de ce discernement et de l'ouverture d'une requête de saisie de sens recoupe le rôle inducteur de la rationalité. Et Jean Ladrière met en évidence la portée de ce concept fondateur.

---

[9] G. GÉRARD, « Allocution du Président de l'Institut Supérieur de Philosophie », in B. FELTZ et M. GHINS (éds), *Les défis de la rationalité*, Actes du Colloque organisé par l'Institut Supérieur de Philosophie (UCL) à l'occasion des 80 ans de Jean Ladrière, Louvain-la-Neuve – Louvain – Paris – Dudley, Éditions de l'Institut Supérieur de Philosophie – Peeters, 2005, p. 9.

[10] En prenant en considération l'ampleur, la diversité et la richesse de l'œuvre de Jean Ladrière, on se rend à l'évidence qu'il est indispensable de fixer la thématique à aborder dès le départ. Et cela, dans la mesure où Jean Ladrière a abordé presque tous les domaines de la pensée philosophique avec une pénétration et une profondeur toujours renouvelées, du moins, pour reprendre à notre compte les mots de Gilbert Gérard, mots employés dans une allocution prononcée en 2001 lors du colloque organisé à l'occasion des quatre-vingts ans d'âge de Jean Ladrière.

L'idée de rationalité met en œuvre ce qui, dans le domaine qu'elle circonscrit, peut recevoir un sens et se prêter à une investigation effective. Elle se marque par des critères de ce qui est systématique, contrôlable, soumis à l'explication et qui permet de scruter de fond en comble le réel.

Le thème de la rationalité prend sa plus grande envergure dans les œuvres les plus importantes de Jean Ladrière[11]. Sa réflexion, portant sur les démarches scientifiques, est restée présente dans toutes ses recherches. On sait que c'est dans ce cadre que Jean Ladrière a tracé une ligne directrice de toute sa réflexion philosophique.

La rationalité est une instance originaire et fondatrice de toutes les activités de l'homme dans la mesure où ces dernières y puisent leur énergie et leur renouvellement. Elle a un potentiel créateur et organisateur. Pour rendre compte d'une telle idée, on se réfère à la signification que le concept de raison porte, en tant que concept tout à fait classique dans la tradition philosophique. Pour Jean Ladrière, la valeur de ce concept se trouve dans ce qui constitue la justification et la signification même de l'activité de la philosophie. Ce concept désigne et détermine la portée et la pertinence de l'élucidation de la réflexion sur le sens de l'existence. « On peut même lui accorder le statut de

---

[11] Il suffit de se référer aux thèmes traités dans la plupart de ses livres pour se rendre compte de la portée de la problématique de la rationalité scientifique qui jalonne la pensée de Jean Ladrière. Les rapports entre science et foi sont au point de départ de plusieurs ouvrages où il instaure un dialogue ouvert entre science, philosophie et théologie. Ces rapports se trouvent élucidés dans *L'articulation du sens :* I (1970), II (1984) et III (2004), *La science, le monde et la foi* (1972), *Vie sociale et destinée* (1973) ; *L'éthique dans l'univers de la rationalité* (1997) ; *La foi chrétienne et le destin de la raison* (2004) ; *Le temps du possible* (2004) ; *L'espérance de la raison* (2004). L'impact de la science et de la technologie sur les cultures est analysé dans une perspective de rencontre interculturelle dans *Les enjeux de la rationalité* (1977 et 2001).

"concept fondateur", puisqu'il intervient à titre essentiel dans la fondation du projet même de la philosophie »[12].

Il y a sans doute un immense travail d'abstraction, de généralisation, de symbolisation et de systématisation qui s'effectue à ce niveau et qui caractérise les sciences. Ce travail est celui qu'il convient de qualifier de fondement. Selon Jean Ladrière, l'idée de fondement, jadis propre à la philosophie, s'est retrouvée reprise par la pensée scientifique et incorporée à ses propres démarches : « La mathématique a donné l'exemple d'une discipline capable de s'assurer elle-même de ses propres fondements. Ce qu'elle a réalisé dans ce sens est devenu un thème inspirateur pour les autres disciplines »[13].

En ce thème on reconnaît la figure de la raison dans son incessant effort de précision et de transformation. Ceci trouve son sens dans un contexte historique bien déterminé et bien connu, qui a vu se constituer « un nouveau monde, dans lequel la raison, qui avait pris conscience d'elle-même dans la réflexion philosophique, est amenée à se reconnaître, sous la forme objective que désigne le terme de rationalité »[14]. Et les figures en lesquelles la rationalité s'effectue se recoupent dans un processus d'émergence dont le projet se situe dans un moment historique particulier qu'on appelle la modernité. Moment qui constitue un tournant décisif et déterminant dans le développement de la pensée. En un sens, le concept de raison, dans ce contexte, s'est effectivement transformé, en passant d'une signification subjectiviste à une signification objectiviste.

Il importe tout de même de considérer que la rationalité s'articule explicitement dans les œuvres qu'elle crée et qui restent inscrites dans un inévitable destin. Elle doit être envisagée dans le contexte global qu'elle a largement contribué à créer, qui se caractérise par la ramification croissante de ses formes. Cette ramification

---

[12] J. LADRIÈRE, « Les institutions de la raison », in B. FELTZ et M. GHINS (éds), *Les défis de la rationalité,* p. 17.

[13] J. LADRIERE, *Sens et vérité en théologie,* p. 199.

[14] *Ibid.,* p. 27.

repose principalement sur la reconnaissance de la pluralité des dimensions de l'esprit. Une pluralité qui n'est cependant pas à confondre avec la dispersion pure. On en vient à constater, à partir de là, que l'idée de rationalité, élaborée par la tradition philosophique, s'est vraisemblablement fondée sur un processus qui, comme l'a montré Jean Ladrière, s'est articulé en trois étapes.

Dans une première étape, on retrouve la réflexion sur certaines pratiques, comme celle de la démonstration mathématique ou celle de la discussion juridique ou politique, qui a dégagé les règles formelles qui sont implicitement opérantes dans ces pratiques. En une deuxième étape, la pensée s'est interrogée sur la nature de ces règles formelles et sur ce qui justifie, en définitive, les critères qu'elles mettent en jeu, tels que ceux de la logique formelle ou ceux de la rhétorique. Dans une troisième étape, on a assisté à la construction d'une vaste généralisation de cette analyse, « en forgeant le concept de raison (*logos*), qui vise d'abord ce pouvoir qui est en nous et qui nous permet de juger de ce qui est vrai et de ce qui est juste et ensuite, de façon plus fondamentale encore, ce principe qui appartient à la constitution même de la réalité et qui fait qu'elle nous est intelligible, qu'il y a un ordre déchiffrable dans le monde et dans la conduite des choses »[15].

On comprend dès lors que la raison qui est en nous participe en même temps à celle qui est dans les choses et dans le monde, et le concept dans lequel on la pense devient le fil conducteur d'une compréhension universelle. Le concept de rationalité s'est à la fois précisé et diversifié en conséquence de la diversification des pratiques qu'il a lui-même inspirées[16]. Ces pratiques s'articulent à la fois dans l'ordre du savoir et dans celui de l'action. On peut, par

---

[15] J. LADRIÈRE, « Science et théologie », in *Revue théologique de Louvain* 34 (2003), p. 9.

[16] J. LADRIÈRE, « Science et théologie », in É. GAZIAUX (éd.), *Perspectives sur la recherche théologique contemporaine. Conférences de l'École doctorale en théologie (2002-2004)*, in *Cahiers de la Revue théologique de Louvain* 37, Louvain-la-Neuve, 2005, p. 41.

exemple, considérer une distinction qui s'est évidemment introduite de part et d'autre et qui, au cours de l'histoire, a rendu possible la ramification croissante des formes de la rationalité. Jean Ladrière évoque, dans l'ordre du savoir, la séparation intervenue entre la philosophie et la science ; dans le domaine de la science, la différenciation entre les sciences formelles pures, les sciences de la nature et les sciences humaines ; et dans l'ordre de l'action, la différenciation entre les rationalités respectives de la technique, de l'économie, du droit et de la politique.

Cependant, ce processus de différenciation n'a pas ôté sa pertinence au concept général de rationalité, qui est à la fois un concept interprétatif par rapport aux formes déjà instituées en lesquelles s'est reconnue historiquement la raison, et une idée inspiratrice par rapport aux orientations que se donnent les pratiques contemporaines dans lesquelles la raison continue à se chercher elle-même[17]. Il y a donc un critère de rationalité qui guide ces pratiques qui, corrélativement au projet même de rationalité, « introduisent un principe de diversification qui éloigne les critères les uns des autres et qui simultanément ramifie chacun des critères donnés en sous-critères qui à leur tour ont tendance à s'éloigner les uns des autres »[18].

Ce livre est composé de quatre chapitres. Le chapitre premier aborde les rapports entre la philosophie et l'idée de rationalité et met un accent particulier sur l'exigence critique en philosophie. On retrouve dans une telle perspective la valeur et la visée du discours philosophique dans l'univers de la rationalité.

Le chapitre deuxième met en perspective les systèmes philosophiques et les constructions rationnelles. Nous y précisons que ces constructions s'élaborent dans un langage spécifique et montrent clairement que la philosophie est une discipline réflexive et fondatrice. Le chapitre troisième analyse les métasciences et explique leur rôle dans la théorie

---

[17] J. LADRIÈRE, « Science et théologie », p. 41-42.
[18] J. LADRIÈRE, « Les institutions de la raison », p. 29.

du fondement des sciences. Le chapitre quatrième examine et explique le rôle indispensable et indéniable du formalisme dans la théorie du fondement des mathématiques. Il montre que le formalisme propose un cadre magnifique en lequel un objet mathématique (notamment un théorème, un axiome) s'exprime et prend corps. Plus précisément, la méthode de formalisation matérialise une théorie mathématique déterminée sous une forme tangible accessible au regard.

Je tiens à exprimer ma sincère gratitude à ma très chère épouse, Agnès Dioso, indéfectible conseillère et dont l'étroite collaboration fonde une merveilleuse communauté de pensée et de pratique affective. Je remercie les Éditions Academia et leurs collaborateurs pour tous les soins qu'ils ont apportés à la publication de ce livre.

Norbert Kalindula

CHAPITRE I

PHILOSOPHIE ET IDÉE DE RATIONALITÉ

Le concept de raison est sans doute « un concept tout à fait classique dans la tradition philosophique. On peut même lui accorder le statut de "concept fondateur", puisqu'il intervient à titre essentiel dans la fondation du projet même de la philosophie »[19]. Il fait de la philosophie une discipline essentiellement rationnelle. Il lui offre des ressources indispensables au moyen desquelles elle organise toute son entreprise. Ainsi, « la philosophie se présente comme un effort de compréhension qui se veut radical »[20].

Cet effort met en œuvre une entreprise systématique et cohérente. Nous voudrions procéder à un examen du lien étroit entre la rationalité et l'exigence critique en philosophie. Le fil conducteur d'un tel lien repose sur l'idée selon laquelle la dimension critique légitime le savoir que la philosophie construit.

1.1. Rationalité et exigence critique en philosophie

La construction de connaissances est généralement considérée comme une entreprise qui relève essentiellement de la raison. On peut dire, suivant cette perspective, que c'est la raison qui se manifeste dans le processus d'élaboration de connaissances.

Ces connaissances ont été élaborées principalement dans le domaine de la philosophie et dans le domaine de la science au point qu'il devient légitime d'affirmer que la philosophie et la science relèvent des connaissances essentiellement rationnelles. La raison engendre les

[19] J. LADRIÈRE, « Les institutions de la raison », p. 17.
[20] J. LADRIÈRE, « La philosophie des sciences », in P. WIGNY (éd.), *La nouvelle bibliothèque de l'honnête homme*, Anvers, Imprimerie Excelsior, 1968, p. 697.

principes organisateurs à partir desquels la construction des critères de validité et des méthodes de recherche se rend effective. C'est elle qui les fonde.

Cela signifie qu'en la raison se pose un processus de construction et de production : « La raison se construit, en un sens si radical que l'on pourrait dire qu'elle est sa construction même. Elle se découvre en ce qu'elle produit et accomplit et dans les opérations mêmes par lesquelles advient ce qui est produit »[21]. Or, dans l'ordre du savoir, elle produit des connaissances scientifiques et philosophiques.

L'exigence critique est une des caractéristiques principales de la rationalité. Comme l'a montré Jean Ladrière, « la tradition philosophique a forgé un concept qui définit un point de vue à partir duquel une critique constructive est possible : c'est le concept de raison »[22]. Ainsi la rationalité est « le caractère d'un certain type de démarche, que l'on considère comme opérant sous le contrôle d'une attention critique, dont chaque moment particulier est éprouvé quant à sa justification et se trouve relié de façon systématique, conformément à une vue d'ensemble suffisamment claire à elle-même et capable de prouver sa pertinence, à tous les autres moments »[23]. On voit, en toute conséquence, que le destin de la raison se joue sous le contrôle d'une attention critique au point que toute connaissance rationnelle est à la fois critique, systématique, capable de se généraliser et d'indiquer sa légitimité, donc armée d'un pouvoir justificatif.

On sait que l'attention critique est opératoire dans l'entreprise philosophique depuis ses origines. La connaissance que la philosophie élabore comporte des caractères critique, authentique, systématique, légitime. On peut dire que la philosophie « a toujours, ou presque

---

21 J. LADRIÈRE, *L'espérance de la raison,* Louvain-la-Neuve – Louvain – Paris–Dudley, Éditions de l'Institut Supérieur de Philosophie – Peeters, 2004, p. 216.

22 *Ibid.,* p. 128.

23 *Ibid.*, p. 82.

toujours – du moins dans la tradition occidentale[24], qui commence à s'apparaître à elle-même comme tradition particulière, n'ouvrant que sur des possibilités limitées – prétendu se tenir du côté du savoir, et même du savoir au sens le plus éminent ; elle a prétendu se proposer comme science, en un sens plus authentique et plus radical que celui dans lequel le terme "science" est pris couramment aujourd'hui »[25]. Elle construit un savoir authentique, c'est-à-dire capable de fournir ses motivations. On sait qu'un savoir authentique et radical est avant tout un savoir critique. Plus précisément, c'est un savoir selon la raison, c'est-à-dire « c'est un savoir selon des principes »[26].

1.2. Philosophie et science

Le souci de construire un savoir critique marque l'entreprise de la pensée. Or un savoir critique est celui qui, dans l'ordre de la connaissance, se construit dans deux formes différenciées de la rationalité. Ces deux formes sont essentiellement la philosophie et la science. Il y a, dans ce cas, une véritable articulation entre la philosophie et la science dans la mesure où il y a une même source fondatrice dans laquelle s'enracine le travail philosophique et scientifique. « Au fond, l'idée de rationalité joue bien le rôle d'un modèle inspirateur, qui détermine ce qu'est une connaissance authentique. L'idée conductrice est primordialement celle d'un savoir, mais d'un savoir qui est authentique parce qu'il répond à certaines conditions bien

---

[24] Ce n'est pas le lieu indiqué ici pour reprendre un débat qui a fait son temps sur les origines africaines de la philosophie ou sur l'existence de la philosophie africaine. Ce qui nous importe aujourd'hui, c'est la réflexion que chaque peuple est appelé à mener sans interruption sur ce qui le concerne particulièrement et sur le monde dans lequel il vit et évolue. Il devra être attentif aux circonstances et aux situations de son époque, circonstances et situations auxquelles il devra apporter ou proposer des réponses adéquates.

[25] J. LADRIÈRE, « Philosophie et politique », in *Qu'est-ce que l'homme. Philosophie/Psychanalyse. Hommage à Alphonse De Waelhens (1911-1981)*, Bruxelles, Facultés universitaires Saint-Louis, 1982, p. 303.

[26] J. LADRIÈRE, *La foi chrétienne et le destin de la raison*, p. 85.

précises »[27]. Ce savoir est ainsi désigné parce qu'il est capable « de fournir explicitement ses motivations, d'indiquer ce sur quoi il prend appui, de faire voir quel est son support »[28]. Il est critique parce qu'il est « fondé sur un discernement »[29]. Ce savoir, on l'a vu, se déploie principalement dans la connaissance philosophique et dans la connaissance scientifique.

De part et d'autre, il y a la mise en œuvre de la raison. Pour être plus précis, il y a lieu de considérer que ces deux figures de la raison relèvent profondément et essentiellement de l'ordre théorique. C'est dans cette perspective que, à titre essentiel, s'organise le savoir authentique et critique. Ce savoir se construit suivant des règles précises et des principes bien déterminés au moyen desquels il trouve sa justification, sa légitimité et son efficace. Il s'agit effectivement de l'éclosion de la raison dans la mesure où c'est elle qui confère à ce savoir son intelligibilité, mieux, sa structure intelligible. En d'autres termes, la raison se déploie dans ce savoir et le dote d'outils grâce auxquels il se justifie.

On pourrait dire que la raison se découvre, mieux, est à l'œuvre dans ce savoir qu'elle élabore. Et en se découvrant, elle « fait apparaître une nécessité qui n'est pas celle d'un destin auquel seule peut répondre la résignation impuissante mais celle d'une parole à laquelle l'esprit ne peut que consentir parce qu'il y reconnaît sa propre signature »[30]. Cela permet, dans la mesure du possible, d'écarter du domaine du savoir critique toute dimension d'arbitraire, des visions particulières, des croyances purement privées et des préférences individuelles. C'est parce qu'il existe un ordre qui mesure la pensée et organise sa démarche qu'il est désormais possible de construire un savoir qui soit capable de se justifier et de puiser dans les ressources propres de la raison son organisation et sa propre structure. Corrélativement, l'idée de justification est

---

27 J. LADRIÈRE, *La foi chrétienne et le destin de la raison*, p. 85.

28 *Ibid.*

29 *Ibid.*

30 J. LADRIÈRE, « Philosophie et politique », p. 309.

un présupposé essentiel de la raison théorique dans la mesure où elle implique la cohérence et la consistance du savoir ainsi élaboré.

Il y a lieu, à tout le moins, de considérer que l'idée de justification constitue une figure en laquelle la notion de fondement trouve son expression limpide en ce sens que cette notion suppose l'élaboration d'un discours critique, « c'est-à-dire d'un discours qui soit capable de faire apparaître sa propre légitimité »[31]. C'est ainsi que l'on constitue une élucidation de l'expérience. C'est ce que l'on peut bien lire dans ces propos de Jean Ladrière lorsqu'il écrit : « Constituer une interprétation critique de l'expérience, c'est non seulement construire un savoir vrai, mais c'est aussi, en même temps, assurer ce savoir de son fondement, c'est-à-dire montrer son droit à la vérité, exhiber les raisons de sa validité »[32].

Or, pour Jean Ladrière, l'idée de fondement demeure au centre de la démarche de la raison théorique. En tant que telle, elle est l'enracinement de l'idée de justification du savoir construit dans le sillage de la raison théorique, dans la mesure où ce savoir se veut être armé de sa propre justification : « Le projet d'un savoir armé de sa propre justification se précise comme projet d'un savoir des principes ; l'entreprise de la compréhension radicale se pense elle-même comme démarche de remontée aux fondements »[33]. Cette démarche instaure le discours fondateur. Et ce discours, « en tant qu'il est l'espérance du vrai sans restriction, est traversé par une tension qui l'ordonne à la figure accomplie d'une révélation intégrale »[34] qui est assomption de la région des principes et des structures constituantes. Cette région « contient en elle ce qui donne à tout apparaître de pouvoir se produire dans la visibilité de ce qui se montre. En ce sens, elle ramasse en

---

31 J. LADRIÈRE, « La philosophie des sciences », p. 697.

32 *Ibid.*

33 J. LADRIÈRE, « Philosophie et politique », p. 317.

34 *Ibid.*, p. 317-318.

elle la totalité de ce qui s'offre à la compréhension »[35]. C'est parce qu'elle se saisit des principes et des structures constituantes que « la pensée réussit à se placer au lieu même à partir duquel tout se déploie »[36] ; au lieu même à partir duquel elle peut mettre en lumière sa systématicité pour en affirmer avec plus de clarté la signification.

On comprend dès lors que la raison soit reconnue comme un principe intérieur qui met en œuvre ses propres ressources au moyen desquelles elle construit un savoir susceptible de se munir de sa propre justification. « À partir du moment où la raison est reconnue comme principe intérieur, par lequel précisément est donnée à l'existence la possibilité de se recevoir de son inscription dans l'espace de la constitution universelle, un accès est ménagé à un discours qui ne doit plus rien au jeu décevant de l'opinion mais qui est capable de s'imposer par la seule force de son organisation interne »[37]. C'est sous cet aspect que se construit le discours rationnel qu'est celui de la philosophie et de la science. Un tel discours offre des possibilités sur lesquelles repose une mise en œuvre du caractère réflexif de l'effort qui s'effectue. Il fait émerger les pouvoirs de la raison dont la science et la philosophie constituent les formes privilégiées.

On le voit, la philosophie et la science relèvent de l'ordre de la raison. Le discours qu'elles élaborent est celui en lequel tous peuvent se rencontrer et se reconnaître et auquel ils peuvent donner leur adhésion parce qu'il s'agit d'un discours capable de se justifier. Et cela dans la mesure où ce que ce discours présente se révèle comme étant la commune assomption de ce qui se découvre également à tous comme digne de ratification. La démarche qui est à l'œuvre ici est purement rationnelle et conduit à la constitution d'un savoir critique, d'un savoir authentique. « Le projet du savoir, c'est bien la constitution d'un discours

---

[35] J. LADRIÈRE, « Philosophie et politique », p. 318.
[36] *Ibid.*
[37] *Ibid.*, p. 309.

critique »[38]. Pour Jean Ladrière, le discours critique a pris historiquement « deux formes différenciées : celle de la science et celle de la philosophie »[39]. Jean Ladrière met en exergue cette différence en indiquant que « la philosophie se caractérise par un double souci de radicalité et de totalité, alors que la science vise à élaborer un savoir de type opératoire et à efficacité locale »[40]. Cette différence peut davantage être relevée en indiquant la particularité de chacune de ces deux formes majeures de la raison cognitive.

Sans doute le discours que la philosophie construit s'efforce-t-il de rendre compte de la structure du réel dans son ensemble ; en un mot, de se placer « à un point de vue capable d'englober toutes les perspectives particulières concevables, et cela d'une manière entièrement critique : elle construit son discours en le doublant pour ainsi dire, à l'intérieur de lui-même, d'une démarche justificatrice par laquelle la raison tente de faire valoir à ses propres yeux la légitimité de ce qu'elle avance, d'aller, par le fait même, jusqu'au bout des questionnements à partir desquels elle se met en branle »[41]. Ces deux formes entretiennent des rapports à la fois fort enrichissants et fort divergents. Leurs divergences revêtent un double caractère : positif et négatif. Ce double caractère émane essentiellement de la science. Jean Ladrière l'exprime en ces termes :

> Par certains côtés, la science a représenté pour la philosophie comme un défi négatif : elle paraissait devoir s'emparer progressivement de tous les problèmes dont s'occupait traditionnellement la philosophie. Par d'autres côtés, plus actuels d'ailleurs, elle représente pour la pensée philosophique un défi positif : tant au plan épistémologique qu'au plan éthique, elle en appelle à une réflexion capable d'éclairer les conditions mêmes d'une connaissance dont la prise sur le réel est de plus en plus indirecte et de fournir des critères

[38] J. LADRIÈRE, *La science, le monde et la foi,* Tournai, Casterman, 1972, p. 131.
[39] *Ibid.*
[40] J. LADRIÈRE, *L'espérance de la raison,* p. 9.
[41] *Ibid.*

sûrs à une action dont la complexité est de plus en plus difficilement maîtrisable[42].

La philosophie traduit ce défi positif que la science représente pour elle dans le souci d'élucider le problème que la science lui pose. Plus exactement, la réflexion philosophique est marquée par les péripéties majeures de la science moderne, tout comme la science est du reste marquée par le problème des fondements, qui est de nature philosophique. Comme l'a noté Jean Ladrière, la science moderne a posé à la philosophie un double problème. D'une part, ce problème consistait à rendre compte de la démarche scientifique et de son succès, à expliquer les conditions de possibilité du type de savoir construit par les sciences modernes de la nature ; et, d'autre part, à « restituer, par rapport à la science, le champ propre de la philosophie »[43]. Il y a comme une complémentarité entre la philosophie et la science et une reconnaissance de leur origine commune. Parce qu'elles s'interrogent mutuellement, la science et la philosophie constituent des formes valables de l'expression de la raison. Cette interrogation porte essentiellement sur le caractère rationnel de la connaissance qu'elles élaborent. Et ce, dans la mesure où la science et la philosophie se reconnaissent comme les formes concrètes les plus hautes de la raison théorique.

On peut évoquer le cas de l'émergence, de la consolidation et du succès de la science et par là indiquer que celle-ci constitue le modèle de toute entreprise rationnelle. Ce modèle est sans doute à l'œuvre dans le réseau de virtualités que la science construit. Ce réseau est d'ordre structural. Dans cette perspective, on peut noter que la démarche de la science est une combinaison de formalisme et d'empirisme. « La science est un savoir opératoire ; cela signifie qu'elle procure une compréhension par le biais d'opérations, qui peuvent être des opérations purement logiques, c'est-à-dire des manipulations formelles, ou des

---

[42] J. LADRIÈRE, *L'espérance de la raison*, p. 22.
[43] *Ibid.*, p. 23.

manipulations empiriques, c'est-à-dire des manipulations d'objets destinées à faire apparaître certains résultats »[44]. Ce sont effectivement les sciences de la nature qui se sont révélées efficaces dans ce domaine et ont mis au jour une entreprise à haute portée cognitive. Ce sont elles qui sont à la base de l'idée selon laquelle, à partir du découpage de la réalité, la science est parvenue à des résultats fiables, vérifiables et fructueux. La fiabilité de ces résultats repose sur le caractère critique du savoir scientifique. C'est ce qui transparaît dans ces propos de Georges Canguilhem : « Une science est un discours normé par sa rectification critique »[45]. Cela signifie que ce discours est conscient de la valeur et de la portée de ses moyens et comporte la représentation de sa propre épistémologie implicite. Une telle prise de conscience s'exprime, suivant la position que nous soutenons, dans ce que l'on appelle l'idée de fondement. Cette idée est celle qui postule les catégories rationnelles au moyen desquelles ce discours se justifie.

La science a mis en œuvre des modalités opératoires au moyen desquelles elle appréhende la réalité. « La science découpe sur la réalité donnée des perspectives abstraites et partielles, à travers lesquelles elle tente de rendre compte du fonctionnement effectif des systèmes qu'elle parvient ainsi à isoler grâce à ces mises en perspectives préalables »[46]. Plus précisément, elle découpe la réalité au moyen de laquelle elle essaie de saisir des régularités générales, « donc des aspects partiels du réel, étroitement circonscrits par les possibilités mêmes de la méthode »[47].

Aux yeux de Jean Ladrière, le sens des affirmations scientifiques est soit spéculatif, comme dans le cas éminent des mathématiques, soit pragmatique, comme dans le cas des sciences de la nature. Le savoir construit ici n'est pas

---

[44] J. LADRIÈRE, *La science, le monde et la foi,* p. 131.

[45] G. CANGUILHEM, *Idéologie et rationalité dans l'histoire des sciences de la vie. Nouvelles études d'histoire et de philosophie des sciences,* Paris, J. Vrin, 2000, p. 21.

[46] J. LADRIÈRE, *L'espérance de la raison*, p. 9.

[47] J. LADRIÈRE, *La science, le monde et la foi,* p. 121.

existentiel, « et le sens qu'il instaure est posé pour lui-même, en dehors de toute auto-effectuation du sujet »[48]. La légitimité de ce savoir est reconnue par une communauté universelle d'autant plus qu'il s'agit d'un savoir qui se fonde sur la raison. « L'ordre de la raison, souligne Jean Ladrière, fonde, en principe, une communauté universelle dont il fournit, dans le discours qu'il suscite, une représentation formelle où s'anticipe la figure, présentée comme historiquement possible, d'une humanité réconciliée »[49].

La philosophie est une discipline rationnelle. Elle « est un savoir réflexif ; elle tente de mettre en évidence les structures fondamentales de l'expérience. Mais elle n'est pas non plus existentielle, même quand elle se présente comme telle ; le sens qu'elle instaure est spéculatif, il est lié à l'avènement du concept, non du sujet »[50]. La mise en évidence des structures fondamentales de l'expérience n'a lieu qu'au moyen d'un discours secondaire que la philosophie élabore. Dans cette perspective, la philosophie vise à la fois la totalité et le concret. Mais cela n'est possible qu'au moyen d'un appareil conceptuel qui permet de procéder à un éclairement du donné. Cet éclairement ne peut avoir lieu que par le passage au niveau du réfléchi de ce qui est exercé dans l'expérience. Le réfléchi est ce

---

[48] J. LADRIÈRE, *La science, le monde et la foi,* p. 131. Il convient de souligner que le savoir construit dans le cadre des sciences est un savoir dans lequel la rationalité, comprise au sens d'un domaine objectif, est à l'œuvre. Dans sa célèbre conception de l'idée générale de rationalité, Jean Ladrière discerne trois significations. La première, déjà évoquée plus haut, est relative au caractère d'un certain type de démarche, opérant sous le contrôle d'une attention critique. La deuxième considère la rationalité comme une propriété non du sujet pensant et agissant, mais de la réalité dans laquelle il est immergé, c'est-à-dire une propriété du monde donné. La troisième pose que « la rationalité est un domaine objectif, constitué à partir d'initiatives humaines et par elles, distinct par conséquent du monde donné de la nature, mais vivant en quelque sorte, une fois posé, par lui-même, abstraction faite des opérations qui l'ont fait exister, distinct par conséquent aussi de la vie subjective qui est à son origine ». J. LADRIÈRE, *L'espérance de la raison,* p. 83.

[49] J. LADRIÈRE, « Philosophie et politique », p. 310.

[50] J. LADRIÈRE, *La science, le monde et la foi,* p. 131.

médiateur au moyen duquel on arrive à mettre en évidence les structures fondamentales de l'expérience.

Cela nous apprend que le statut de la science se comprend et s'inscrit dans l'histoire de l'organisation du savoir. On pourrait rappeler qu'il y a eu un moment donné où, comme l'a fait remarquer Henry Duméry, la philosophie était devenue maîtresse des sciences, « exerçant son règne sur l'ensemble des savoirs particuliers »[51]. Cependant, ces savoirs particuliers ont réussi à s'émanciper du joug de la philosophie. On pourrait dire que la science, « au cours de son histoire, s'est rendue parfaitement autonome à l'égard de la philosophie »[52]. Cela n'a été possible que dans la mesure où la science est parvenue à délimiter avec vigueur son idéal propre.

Certes, l'entreprise de la science, ou plus exactement de la science de la nature, « a pris son essor, dans une certaine mesure, sous l'égide de la métaphysique mais n'a pas tardé à s'en séparer et à se donner ses propres fondements, ouvrant un champ d'universalité concrète qui est le seul, aujourd'hui, où se vérifient réellement les critères classiques de l'accord universel »[53]. Nous pouvons noter que « le meilleur atout de la science nouvelle consiste même dans l'homogénéité grandissante de ses méthodes, quels que soient les champs explorés, quelle que soit l'hétérogénéité des objets qu'elle cherche à maîtriser »[54].

Pendant ce temps, que s'est-il produit du côté de la philosophie ? La réponse est claire : « La raison philosophique s'est prise à douter d'elle-même. Elle se débat dans le double défi, à la fois intérieur et extérieur, qu'elle reçoit de sa propre interrogation critique et de la découverte de sa particularité culturelle »[55]. Mais, comme l'a bien suggéré

---

[51] H. DUMERY, « Sciences », in *Encyclopaedia Universalis,* Corpus 16, Paris, Encyclopaedia Universalis France, 1985, p. 548, col. 1.

[52] J. LADRIÈRE, « Sciences et discours rationnel », in *Encyclopaedia Universalis,* Corpus 16, p. 552, col. 1.

[53] J. LADRIÈRE, « Philosophie et politique », p. 314.

[54] J. LADRIÈRE, « Sciences et discours rationnel », p. 552, col.1.

[55] J. LADRIÈRE, « Philosophie et politique », p. 314.

Jean Ladrière, ce qui est intéressant ici, c'est que l'effort de la compréhension semble avoir atteint son objectif en ce sens que « les catégories dans lesquelles, en principe, les figures déterminantes de l'historicité et le cheminement de la raison elle-même peuvent être interprétés, sont maintenant disponibles. Et le monde tel qu'il est devenu semble entièrement pensable comme l'inévitable aboutissement de ce qui se récapitule dans les dernières métaphysiques »[56]. On comprend, dès lors, que la prétendue émancipation de la science à l'égard de la philosophie ne constitue pas une radicalité dans la mesure où un rapport reste maintenu entre ces deux formes historiquement reconnues et différenciées du discours critique en lesquelles la raison se rend toujours manifeste.

Mais les contenus de la science et de la philosophie puisent dans un même fond à partir duquel ils peuvent se révéler, trouver leur consistance propre et se mettre en relation les uns avec les autres. Ce fond n'est autre que la raison. D'où, la raison est l'instance fondatrice des productions scientifiques et philosophiques. C'est elle qui fonde la possibilité d'une unité de synthèse et met en œuvre les conditions d'engendrement du savoir authentiquement critique dont celui de la science et de la philosophie revêt la forme la plus éminente. Ce savoir réussit à produire un système de représentations dans lequel il s'efforce lui-même d'expliquer et de justifier la vision qu'il a de sa propre essence. Il y a instauration à la fois d'une homogénéité et d'une hétérogénéité : homogénéité, en ce sens qu'il y a une source unique qui produit le savoir – hétérogénéité, en ce sens que cette source consacre et met en œuvre des contenus fragmentés ou diversifiés. Et cela grâce aux méthodes. « Les méthodes se sont parfaitement fixées, la critique épistémologique a montré comment le sens des énoncés est relatif aux méthodes utilisées, et, dès lors, aucun

[56] J. LADRIÈRE, « Philosophie et politique », p. 314.

conflit ne peut plus surgir entre des contenus qui appartiennent à des plans d'intelligibilité hétérogènes »[57].

1.3. Fragmentation et hétérogénéité

La reconnaissance de la fragmentation et de l'hétérogénéité ouvre la voie à la collaboration et à la complémentarité entre les productions de l'esprit et les figures en lesquelles il en vient à se reconnaître. La philosophie et la science ne peuvent y échapper. C'est dans cette perspective qu'il convient d'envisager un rapport de complémentarité entre la science et la philosophie dans la mesure où elles s'interrogent mutuellement.

D'une part, la science pose à la philosophie des problèmes fondamentaux. Comme l'a bien indiqué Jean Ladrière, ces problèmes concernent les conditions de possibilité du savoir scientifique ; le moyen grâce auquel s'explique l'accord, au moins partiel, enregistré par la démarche scientifique, entre les opérations de l'esprit et le fonctionnement des systèmes réels ; la façon dont s'explique le progrès de la connaissance scientifique ; ce qu'il en est de son historicité.

Nous pouvons aussi évoquer les questions sur les rapports entre la science et l'action, entre la science et la vie sociale, entre la science et la destinée de l'homme. Il y a également le problème de la téléologie de la science. « Ces questions relèvent à la fois d'une anthropologie philosophique, dans la mesure où la science est le fait de la raison humaine[58] et intéresse concrètement, tant par son devenir

---

[57] J. LADRIÈRE, *La science, le monde et la foi*, p. 20.

[58] Cette évocation de la science comme fait de la raison humaine constitue l'une des particularités de notre étude qui cherche à poser à nouveaux frais le problème des fondements des sciences à partir de l'articulation ou des articulations de la raison. En fait, il peut paraître intéressant de rappeler que le postulat principal de cette étude consiste à montrer un rapport étroit entre les articulations de la raison et le problème des fondements des sciences. Il s'agit d'indiquer que les sciences sont des œuvres de l'esprit et que seul l'esprit les fonde à partir des idées, des critères et des principes qu'il crée et met en œuvre. Notre souci est d'indiquer que la mise en œuvre des méthodes de caractère scientifique

interne que par ses résultats, l'existence de l'homme, et d'une logique philosophique, dans la mesure où elle est une forme privilégiée (certains diraient même la seule forme authentique) de la manifestation du "logos" »[59].

D'autre part, la philosophie s'intéresse aux problèmes que nous venons d'évoquer ici. C'est en fait la philosophie des sciences, au sens strict, qui s'occupe de ces problèmes. Cela revient à dire que la philosophie des sciences est une réflexion sur les conditions de possibilité et sur les limites de la connaissance scientifique.

Pour Jean Ladrière, l'expression « philosophie des sciences » est très fréquemment utilisée pour désigner les recherches sur les fondements. Il précise que, pour certains auteurs, en particulier pour ceux qui appartiennent à la tradition stricte du néo-positivisme, les seuls problèmes philosophiques susceptibles d'être posés au sujet de la science sont des problèmes fondationnels. Ces problèmes se posent à partir des présuppositions. On pourrait noter que l'étude des présuppositions de diverses sciences fait l'objet des recherches sur les fondements. Ces recherches, il faut le reconnaître, mettent en œuvre des méthodes de caractère scientifique, telles que l'axiomatisation, la construction de modèles. C'est ainsi que pour les auteurs de la tradition stricte du néo-positivisme, l'expression « philosophie des sciences » est synonyme de « recherches sur les fondements ». Pour d'autres, par contre, parmi lesquels se trouvent d'ailleurs des représentants du courant de l'empirisme logique, l'expression « philosophie des sciences » peut s'appliquer à la fois aux recherches

---

relève des démarches qui prennent naissance et s'effectuent de façon de plus en plus radicale et indéfectible au niveau de la raison. Comme nous l'indiquerons au fil du texte, le problème des fondements est un ancien problème, posé généralement en rapport avec les métasciences, mais il convient dès à présent de le poser autrement que sur les métasciences. Il s'agit désormais d'une nouvelle position, qui a pour postulat essentiel la raison comme instance fondatrice des sciences.

[59] J. LADRIÈRE, « Sciences et discours rationnel », p. 552, col. 1.

fondationnelles et à des formes proprement « philosophiques » de réflexion sur la science.

La question de caractère fondamental au cœur de la discussion « c'est celle de la scientificité de la science. Cette question relève à la fois d'une enquête sur les fondements (dans la mesure où elle concerne les critères de validation que la science elle-même met en œuvre dans ses démarches afin de reconnaître ce qui est scientifiquement acceptable) et d'une réflexion philosophique sur les conditions de possibilité et les limites de la connaissance scientifique »[60]. Il y a donc ici un élargissement du champ d'investigation de la philosophie des sciences au-delà des recherches fondationnelles. La philosophie des sciences déborde les recherches fondationnelles et pose des problèmes qui intéressent la réflexion philosophique sur la science.

On le voit, la théorie de la connaissance est au cœur de préoccupations de l'épistémologie. Celle-ci est « la discipline philosophique qui entend assumer au plus haut degré la dimension critique de la philosophie »[61]. Pour Jean Ladrière, l'épistémologie « semble pouvoir s'appliquer aussi bien à des investigations de type fondationnel qu'à des recherches portant sur les conditions de possibilité de la science, ses fondements anthropologiques et logiques, sa signification en tant que phénomène global »[62]. Elle ne peut se réduire à l'examen purement technologique des méthodes spécifiques des sciences, elle doit surtout « viser à situer la science dans une expérience du savoir qui la déborde, à en évaluer la portée, à en dégager le sens pour l'ensemble de la pratique humaine »[63].

Il est indispensable d'indiquer que l'épistémologie trouve un terrain de déploiement dans les questions

---

[60] J. LADRIÈRE, « Sciences et discours rationnel », p. 552, col. 1-2.

[61] C. DIMANDJA ELuy'a Kondo, *Le concept de philosophie des sciences. Notion, statut et configuration d'une discipline*, Kinshasa, Noraf, 2014, p. 71.

[62] J. LADRIÈRE, « Sciences et discours rationnel », p. 552, col. 2.

[63] G.-G. GRANGER, « Épistémologie », in *Encyclopaedia Universalis*, Corpus 8, Paris, Encyclopaedia Universalis France, 1996, p. 565.

fondationnelles d'autant plus qu'elle tente d'élucider le mouvement d'effectuation de la démarche cognitive. C'est dans cet ordre d'idées que Jean Ladrière considère la tâche de l'épistémologie. Pour lui, l'épistémologie, en un sens général, « est une discipline dont l'objectif est d'élucider la nature et les modes de la démarche cognitive et de mettre au jour les principes qui rendent raison des pratiques cognitives effectives, envisagées selon toute leur variété »[64]. Or la science est une démarche cognitive de haute facture. Elle est concernée de manière tout à fait particulière par l'épistémologie. À cet effet, on peut considérer qu'en « un sens restreint, l'épistémologie est identifiée à la réflexion sur une pratique cognitive particulière, la pratique scientifique. Un des problèmes que pose une telle réflexion est de déterminer ce qui fait la scientificité d'un discours, et corrélativement de savoir s'il y a un modèle unique ou au contraire des formes multiples de la scientificité »[65]. Cela nous conduit à considérer ce qui caractérise la science. En dépit des péripéties que l'on peut évoquer à ce sujet, il y a lieu de considérer que le champ d'investigation de la philosophie des sciences ou de l'épistémologie reste dominé par la question de la scientificité de la science.

1.4. Aspects de l'exigence critique

On a le plus souvent présenté la philosophie comme une discipline qui s'occupe de la réflexion seconde. Il y a des auteurs, comme Michel Foucault, qui vont jusqu'à considérer la philosophie comme la description systématique d'un discours-objet, l'archéologie d'un savoir, une réécriture. Cette réécriture est « dans la forme maintenue de l'extériorité, une transformation réglée de ce qui a été déjà écrit »[66]. C'est en tant qu'archéologie d'un savoir que la

---

[64] J. LADRIÈRE, « Herméneutique et épistémologie », in J. GREISCH et R. KEARNEY (éds), *Paul Ricœur. Les métamorphoses de la raison herméneutique*, Paris, Cerf, 1991, p. 107.

[65] *Ibid.*, p. 107-108.

[66] M. FOUCAULT, *L'archéologie du savoir*, Paris, Gallimard, 1969, p. 182-183.

philosophie légitime sa démarche. Elle appartient au groupe de sciences herméneutiques. Ainsi, elle aborde, elle aussi, la question de la vérité et examine les conditions de validité du discours qu'elle élabore. Elle prétend à la rationalité.

L'idée de raison se veut être une création essentiellement philosophique. Cette idée est de portée significative d'autant plus qu'elle concerne tout le projet philosophique. À une telle idée reste liée celle de mode de connaissance. Celle-ci est porteuse d'une méthodologie en vue de la vérité. En elle se reconnaît toute démarche qui se veut être critique. On a souvent présenté la science, dans sa démarche, comme étant à la fois un mode de connaissance et une attitude de l'esprit. En fait, dans la mesure où la science et la philosophie se présentent comme des modes de connaissance critique, et par conséquent, porteuses d'une méthodologie susceptible de comporter des critères de la vérité, il y a lieu d'établir un rapport étroit entre elles en mesure qu'elles sont toutes deux des démarches de l'esprit. En les considérant sous l'angle de la connaissance critique, on pourra dire qu'il y a des critères de vérité qui sous-tendent leurs démarches, mieux, qui sont sous-jacents à leurs démarches.

Pour Jean Ladrière, c'est l'exigence critique qui constitue un élément déterminant et qui est susceptible d'éclairer et de clarifier la mise en œuvre du savoir à la fois scientifique et philosophique. Ce qui unit la science et la philosophie, c'est, certes, l'idée de connaissance rationnelle et critique : « Science et philosophie apparaissent l'une et l'autre comme des spécifications de l'idée de connaissance rationnelle. De part et d'autre, nous trouvons la mise en œuvre d'un savoir qui n'est pas seulement savoir du monde mais savoir de lui-même, qui n'est pas seulement saisie d'un certain contenu mais qui apporte la justification de ce qu'il produit »[67].

[67] J. LADRIÈRE, *L'articulation du sens*. I., p. 162.

Sous quel aspect se traduit l'exigence critique ? Il y a là un problème fondamental dans la mesure où ce qui est en vue, c'est la question du mode de savoir qui se pose dans le sillage de l'exigence critique. Dans un premier moment, l'exigence critique revêt une forme négative. En ce sens, « elle est mise en question et dissolution des évidences, et en tant que telle elle commande la substitution au savoir immédiat de l'expérience naturelle du monde, d'un savoir médiatisé par une opération réductrice »[68]. Le savoir qui est mis en exergue ici est un savoir construit d'autant plus qu'il est dépassement du savoir immédiat à partir duquel l'esprit effectue des opérations. En procédant ainsi, on met en question et on dissout des évidences du savoir immédiat de l'expérience naturelle du monde. On est là en face du véritable problème de la critique de l'évidence. Ce problème consiste à pratiquer une mise entre parenthèses et à rejoindre par là des évidences privilégiées. La voie par laquelle on aboutit à ces évidences privilégiées n'est autre que celle de la découverte des procédés de réduction « qui sont susceptibles de nous conduire à des données à la fois contrôlables et fécondes, c'est-à-dire à des données qui fournissent d'elles-mêmes le moyen de leur mise à l'épreuve et qui, d'autre part, enveloppent l'indication d'autres données et ouvrent ainsi le champ à une exploration systématique des liaisons entre données »[69].

Un deuxième aspect de l'exigence critique est positif et nous permet de considérer que celle-ci « est volonté de système »[70]. À ce niveau, on considère la réduction aux évidences privilégiées, évoquée tout à l'heure, comme une étape préalable de la démarche critique. On peut dire qu'elle est « la condition d'une reconstitution de la réalité qui se veut en principe exhaustive »[71]. On passe par la réduction afin « de rendre possible la substitution au donné immédiat

---

[68] J. LADRIÈRE, *L'articulation du sens.* I., p. 162.
[69] *Ibid.*, p. 163.
[70] *Ibid.*
[71] *Ibid.*

d'un organisme purement intelligible à travers lequel ce donné sera finalement compris selon sa vérité »[72].

On comprend, dès lors, que le but véritable de la démarche critique soit la transformation du donné. Cette transformation s'effectue ou se réalise dans l'instauration du système. Or, comme on le sait, c'est la liaison qui constitue le système comme système. La liaison est comprise ici « non au sens d'une simple connexion de fait mais au sens d'une concaténation nécessaire »[73].

En fait, la construction du système en tant que tel oblige à interroger les données ainsi réduites selon leurs liaisons. Cette interrogation « n'est qu'une démarche préparatoire à l'édification d'un système purement intelligible de liaisons »[74]. Pour Jean Ladrière, la visée d'un tel système est, en principe, la complétude. Et cela, pour deux raisons : « D'une part, la vertu du système et ce qu'on lui demande précisément d'effectuer, c'est de mettre en évidence de façon exhaustive la signification des éléments qu'il intègre ; or cette signification vient à chaque élément de ses rapports avec les autres, et elle ne peut donc être considérée comme saisie exhaustivement qu'à partir du moment où la totalité de ces rapports est exhibée »[75]. Cela revient à dire que le système opère une mise en évidence de la signification des éléments qu'il prend en compte et de leurs rapports mutuels. « D'autre part, le système ne fait voir la nécessité des liaisons qu'il développe que dans la mesure où il décrit le circuit complet de ses liaisons, montrant comment, de n'importe quel point on peut passer à n'importe quel autre »[76]. Pour remplir cette condition, le système est appelé à se fermer. On pourrait dire que la description complète de ses liaisons rend le système purement intelligible.

Un troisième aspect de l'exigence critique, que l'invocation de l'idée de système fait apparaître, concerne la

---

72 J. LADRIÈRE, *L'articulation du sens*. I., p. 162.
73 *Ibid.*, p. 163.
74 *Ibid.*
75 *Ibid.*, p. 163-164.
76 *Ibid.*, p. 164.

méthode. En fait, l'idée directrice du savoir critique ne peut être remplie ou déterminée a priori. L'exigence qui définit le savoir critique est, en son point de départ, pure exigence ou visée indéterminée, anticipation vide, volonté purement formelle[77]. Sans doute, convient-il d'indiquer que, pour se développer, cette exigence est censée se déterminer ; « mais elle ne peut se déterminer qu'à partir d'elle-même ; elle doit trouver dans sa mise en œuvre le moyen de poursuivre cette mise en œuvre »[78]. Or l'exigence critique, d'autant plus qu'elle ne doit pas se contenter d'une démarche faite de tâtonnements et d'essais désordonnés, doit réussir à contrôler ses propres démarches et à les organiser suivant des impératifs qui découlent de sa propre essence. Elle n'y parvient qu'au moyen de la méthode : « La méthode est précisément cette détermination de l'exigence critique par elle-même, qui lui permet de substituer au flottement des intentions originaires le concret d'une stratégie définie par des plans précis et rigoureux »[79].

La méthode, dans la mesure où elle n'est pas donnée a priori, doit être élaborée. Or, il faut bien le reconnaître, « l'élaboration de la méthode est inséparable de sa mise en œuvre »[80]. Cela revient à dire que la méthode est affectée d'historicité. Pour Jean Ladrière, l'expérience historique de la constitution de la méthode nous a appris qu'il n'y a ni cheminement simple, ni cheminement unique, ni cheminement privilégié. Il ne s'agit pas de faire converger tous les efforts vers l'élaboration d'une stratégie davantage unifiée. La constitution de la méthode s'est, en tout cas, effectuée de manière arborescente. Ainsi, quand bien même certaines méthodes paraissent mieux établies et éprouvées, rien ne permet pour autant de les considérer comme des modèles universels auxquels toute démarche rationnelle devrait peu à peu se conformer. « L'effort d'invention de la méthode

---

77 J. LADRIÈRE, *L'articulation du sens*. I., p. 164.
78 *Ibid.*, p. 163.
79 *Ibid.*, p. 164.
80 *Ibid.*

conduit à la découverte de la pluralité des méthodes »[81]. La diversification des méthodes ne les rend pas pour autant équivalentes. Pour Jean Ladrière, la visée, à ce stade, est celle de l'intelligibilité totale et « cette intelligibilité s'exprime dans le système. Mais il y a plus d'une manière de comprendre le système et chaque modalité de système révèle un aspect approprié de l'intelligibilité du réel »[82].

L'important ici c'est que la visée de la compréhension, interprétative ou opératoire soit-elle, est le système. L'herméneutique est conçue ici comme une intériorisation de la vie signifiante. Cela ouvre la voie à une zone de connaissance qui se trouve aux confins de la science et de la philosophie. Mais, il faut le souligner, l'ambition proprement philosophique va plus loin. « Elle est une herméneutique et une réflexion généralisées »[83]. Nous pourrions dire que la philosophie tente de justifier son activité à partir du moment où la pensée se rend capable de mettre à jour la dimension de la vie universelle comme vie absolue. Cela « exige sans doute une démarche réductrice préalable qui, conduite par l'idée programmatique d'une fondation véritablement ultime du système des donations (dans l'évidence), des constructions (dans l'opération) et des significations (dans la vie de sens), est amenée progressivement à éliminer toutes les instances fondatrices qui ne se présentent encore qu'affectées par un certain caractère de régionalité »[84].

Dans cet ordre d'idées, on peut, peu à peu, envisager l'annonce de la perspective d'un savoir qui dépasserait la dimension régionale et qui serait un « savoir véritablement universel, c'est-à-dire savoir de totalité, non pas au sens de système englobant de toutes les connaissances mais au sens d'une saisie des fondements universels »[85]. Ces fondements s'enracinent dans l'activité de la pensée qui, elle-même,

---

[81] J. LADRIÈRE, *L'articulation du sens.* I., p. 164.

[82] *Ibid.*

[83] *Ibid.*, p. 184.

[84] *Ibid.*

[85] *Ibid.*

n'est qu'auto-effectuation de la raison. C'est la raison qui est instance fondatrice. Elle est une instance auto-fondatrice. On est là au cœur du déploiement de la pensée philosophique. C'est dans ce sens qu'il nous semble légitime d'examiner la notion de système philosophique et d'en indiquer le caractère rationnel.

CHAPITRE II

SYSTÈMES PHILOSOPHIQUES ET CONSTRUCTIONS RATIONNELLES

Les systèmes philosophiques sont des constructions rationnelles. Ces constructions s'élaborent dans un langage spécifique. D'où la portée du statut des concepts philosophiques et des constructions rationnelles. Cela fait de la philosophie une discipline réflexive et fondatrice. Dans son effectuation la philosophie comporte une exigence critique, qui permet de faire confiance au travail de la raison et de prendre conscience de la limitation de ce travail.

2.1. Principes et constructions rationnelles en philosophie

Dès ses origines, la philosophie s'est engagée à élaborer des constructions indubitablement rationnelles et à mettre en œuvre des principes sur lesquels ces constructions s'appuient fondamentalement et à partir desquels il est désormais devenu possible d'établir des relations formelles et des conceptions relatives à la réalité. Ces principes ont été à la base d'élaboration des systèmes essentiellement efficaces au moyen desquels on est arrivé à construire une pensée cohérente et consistante. On peut dire en un sens qu'à partir de ces systèmes, la pensée philosophique s'est dotée d'une dimension fondamentalement réflexive. Ces constructions mettent en exergue le mouvement de la raison qui, comme l'a bien suggéré Jean Ladrière, « est fait essentiellement de dépassements successifs, mais en chaque dépassement tout l'acquis antérieur est conservé »[86]. Bien entendu, ces constructions ont le plus souvent la prétention à la cohérence et à la systématisation. Il y a là un travail d'engendrement des modes de conceptualisation qui

[86] J. LADRIERE, *L'espérance de la raison*, p. 15.

mettent en jeu des formes de pensée et des processus de validation.

Ces modes de conceptualisation peuvent être de type déductif. Un discours de type déductif a un caractère systématique dans la mesure où il est constitué d'un enchaînement de propositions. Mais cela suggère une interrogation si l'on doit considérer le cas des systèmes philosophiques : de quelle nature sont-ils ? Pour répondre à cette question, il importe de considérer les catégories de contextes d'apparition de la notion de système. On se bornera ici aux indications que Jean Ladrière fournit à ce sujet. C'est le champ épistémologique de cette notion qui nous intéresse davantage dans cette étude et à partir duquel s'ouvre notre perspective.

2.2. Contextes d'apparition de la notion de système

Il y a deux catégories de contextes, fort différentes, dans lesquelles la notion de système apparaît : la première catégorie de contextes est celle où il est question de propositions dans lesquelles sont exprimées des relations formelles ou des conceptions relatives à la réalité. La notion de système est comprise ici comme une forme de discours. Et ce discours est de type théorique. Un tel discours peut être déductif dans la mesure où il s'articule dans un enchaînement de propositions formulées dans un langage qui peut être entièrement artificiel ou qui peut consister en une extension du langage naturel. Le langage artificiel est celui que nous propose la science ; tandis qu'un langage consistant en une extension du langage ordinaire est celui de la philosophie. Cette extension prend la forme d'un langage essentiellement spéculatif.

La seconde catégorie de contextes est celle « où interviennent des entités d'une certaine espèce (par exemple, des corps matériels ou des organismes vivants), dont on étudie la structure et l'évolution »[87]. Au sujet de ce

[87] J. LADRIÈRE, « Système », in *Encyclopaedia Universalis*, Corpus 17, Paris, Encyclopaedia Universalis France, 1985, p. 585, col. 3.

second type, Jean Ladrière précise que « les considérations qui mettent en jeu la notion de système ont été généralisées dans le cadre de la théorie des systèmes »[88]. Et comme l'a indiqué Célestin Dimandja, « si la théorie générale des systèmes est à considérer, fût-ce provisoirement, comme une théorie, elle doit pouvoir exprimer le besoin millénaire de rationalité qui traverse toute l'histoire de la philosophie »[89]. Pour justifier et exprimer cette présomption de rationalité, Célestin Dimandja a été amené à lui donner deux précisions qui en même temps indiquent la nature de la théorie générale des systèmes. Pour lui, la première précision considère que, « quelles que soient les modalités selon lesquelles cette rationalité s'ordonne, elles sont toutes soumises aux dimensions essentielles des langues et du langage en général »[90]. La seconde précision, quant à elle, indique que « le langage qu'est censée être la théorie générale des systèmes, est un langage de caractère structural, qui ne parle qu'en termes de structure »[91].

Parlant de la théorie des systèmes, Jean Ladrière note que les objets dont elle s'occupe directement sont des entités abstraites, les systèmes. L'utilisation de cette théorie exige effectivement l'établissement d'une correspondance entre un système et le type d'objet étudié (corps matériel, ensemble de corps liés d'une manière plus ou moins rigide, être vivant, etc.). Ainsi, un système « est un objet complexe, formé de composants distincts reliés entre eux par un certain nombre de relations. Les composants sont considérés comme des sous-systèmes, ce qui signifie qu'ils entrent dans la même catégorie d'entités que les ensembles auxquels ils appartiennent »[92]. L'idée d'appartenance, il faut le souligner, occupe une place décisive dans la notion de

---

[88] J. LADRIÈRE, « Système », p. 585, col. 3.

[89] C. DIMANDJA Eluy'a Kondo, *Le systémisme comme théorie et comme philosophie* suivi de *Pour la cause de l'esprit* par Jean LADRIÈRE, 2e édition revue et augmentée, Kinshasa, Noraf, 2014, p. 14-15.

[90] *Ibid.*, p. 15.

[91] *Ibid.*

[92] J. LADRIÈRE, « Système », p. 586, col. 3.

système suivant les deux catégories de contextes évoquées ici : catégories de propositions et catégories d'entités d'une certaine espèce dont on étudie la structure et l'évolution.

Il est possible de décomposer un sous-système jusqu'à le réduire à un seul élément au point qu'il est susceptible de devenir indécomposable. Ce qui est essentiellement visé ici, c'est l'idée que « le système possède un degré de complexité plus grand que ses parties, autrement dit qu'il possède des propriétés irréductibles à celles de ses composants. Cette irréductibilité doit être attribuée à la présence des relations qui unissent les composants »[93]. L'efficace de ces relations consiste en ceci qu'elles sont définissantes. Au moyen de ces relations on arrive à dégager les propriétés globales les plus intéressantes. Ces propriétés, comme le fait remarquer Jean Ladrière, ont trait au comportement évolutif de ce système. Cela signifie que les modifications internes qui peuvent affecter les composants d'un système ou ses relations définissantes et les interactions qui peuvent s'établir entre lui et son environnement conditionnent son évolution. On peut observer, au cours de l'évolution d'un système, que celui-ci peut conserver une certaine stabilité ; « il peut aussi se transformer soit dans le sens de la désagrégation, soit dans le sens d'une plus haute intégration »[94].

Lorsqu'un système conserve ses propriétés ou une partie de ses propriétés, on dit qu'il est stable ou relativement stable, et ce, en dépit des modifications internes qu'il peut subir et des interactions avec l'environnement. On s'aperçoit en toute rigueur que la stabilité est une propriété d'invariance. Lorsqu'un système n'arrive pas à conserver une certaine stabilité, on dit alors qu'il connaît un moment de non-stabilité. Cette non-stabilité, indique Jean Ladrière, « peut prendre deux formes : celle d'une évolution vers la désagrégation ou celle d'une évolution vers des configurations plus fortes. Dans les deux cas, on a affaire à une véritable transformation du

[93] J. LADRIÈRE, « Système », p. 587, col. 1.
[94] *Ibid.*

système »[95]. On retrouvera, dans la suite de notre réflexion, ces mêmes éléments en ce qui concerne les systèmes philosophiques.

2.3. Le concept de système et sa portée en philosophie

Les considérations sur la théorie des systèmes, que nous avons évoquées tantôt, ne constituent qu'une parenthèse qui nous permet à tout le moins de comprendre le cadre le plus général que la théorie des systèmes s'efforce d'établir et à l'intérieur duquel il est possible d'étudier le comportement d'une entité analysable. Nous pouvons alors revenir à la première catégorie dans laquelle apparaît la notion de système. L'examen de ce premier type conduit Jean Ladrière à considérer le système comme forme de discours théorique. Deux aspects fondamentaux sont mis en exergue : d'une part la notion de déductibilité, qui est une notion de nature formelle dans la mesure où « elle exprime une relation logique, caractérisable indépendamment du contenu de sens des propositions qu'elle relie »[96] ; et, d'autre part, les systèmes philosophiques comme tels.

Ce qui est visé dans la relation de déductibilité, c'est l'explication de l'idée de système, qui est fondamentalement une idée formelle. D'où la portée du concept de système formel qui sert de fondement à certaines théories. On le sait, la formulation d'une théorie scientifique exige que l'on dispose d'un langage. Une telle théorie tend généralement à prendre une forme déductive dès lors qu'elle atteint un certain degré de maturité. Ainsi, il devient possible d'« isoler en quelque sorte son aspect systématique en séparant la structure déductive de l'interprétation »[97]. Cette séparation fait qu'on présente la structure déductive comme un système formel. Cela permet d'indiquer que le rôle de l'interprétation consistera à associer les propositions du système à des énoncés qui portent sur des entités du

95 J. LADRIÈRE, « Système », p. 587, col. 1.
96 *Ibid.*
97 *Ibid.*, col. 2.

domaine étudié. On voit que la déductibilité occupe une place de choix dans un système formel.

Il s'agit là de l'idée du fonctionnement d'une théorie scientifique. Autrement dit, une théorie scientifique comporte essentiellement une forme déductive, c'est-à-dire que son enchaînement est fondamentalement de type déductif. Cet état de choses nous oblige à tourner notre regard vers les systèmes philosophiques comme tels et à nous interroger sur leur nature. Est-ce qu'un discours philosophique à caractère systématique est constitué d'un enchaînement principalement de type déductif ? Comment procède-t-on dans la construction d'un système philosophique ?

Jean Ladrière pense, à ce sujet, qu'un discours philosophique à caractère systématique comporte certainement un enchaînement de propositions. « Mais cet enchaînement n'est pas essentiellement de type déductif (ce qui n'exclut nullement l'intervention de moments déductifs dans la démarche) »[98]. Dans la démarche philosophique, il y a une interaction entre le lieu de départ et le lieu d'arrivée. On pourrait même dire qu'il s'agit d'un même lieu qu'on retrouve dans une tout autre perspective. Le lieu auquel on arrive est comme le dévoilement de ce qui était déjà présent au départ, mais d'une manière encore enveloppée et non articulée. En un sens, « au terme, le tout est saisi dans son développement intégral, dans l'ensemble, devenu visible, de ses articulations. Cet ensemble constitue précisément le système »[99]. Ce faisant, le système « apparaît donc comme le déploiement de ce qui ne se donnait encore, dans le moment initial, que sous une forme non manifeste, comme l'exigence seulement de ce déploiement »[100].

Le dévoilement de ce qui est initialement enveloppé et non articulé constitue une démarche fondamentale de la philosophie dont l'effort consiste à interroger l'existence afin d'en reconstituer les péripéties. Sans doute la

---

98 J. LADRIÈRE, « Système », p. 586, col. 2.

99 *Ibid.*

100 *Ibid.*

philosophie suggère-t-elle un schème de la signification de la totalité. Sa tâche, il faut bien le reconnaître, consiste à nous dévoiler, dans le discours qu'elle élabore, l'architecture secrète de la réalité. Elle vise ainsi à reconstituer les structures organisatrices de la réalité elle-même. C'est dans une telle perspective que la construction du système est envisagée. Cette construction « est ainsi une opération de "désimplication" ; les différents moments de cette opération, qui sont aussi les aspects fondamentaux de la totalité telle que le système propose de l'intérieur, s'expriment en catégories spéculatives. Ce que le système tente de montrer, c'est la manière dont ces catégories s'organisent les unes par rapport aux autres »[101].

C'est effectivement la mise en liaison de ces catégories qui constitue la caractéristique essentielle du système. En d'autres termes, le système se préoccupe de mettre en évidence la « coappartenance des catégories au sein du réseau conceptuel qui fait l'armature du système. Celui-ci fait voir comment chacune des catégories mises en œuvre appelle, directement ou indirectement, chacune des autres »[102]. Une telle liaison, en toute rigueur, aboutit à la mise en place d'une sorte de circularité en ce sens que « tout chemin partant d'une catégorie du système aboutit à une autre catégorie »[103]. Contrairement au système scientifique qui est essentiellement artificiel, « un système philosophique est une extension du langage ordinaire : il doit (en principe) ne contenir aucune contradiction et être assez riche pour fournir une interprétation de tous les aspects fondamentaux de la réalité »[104]. De ce point de vue, on peut, en d'autres termes, dire qu'un système philosophique se conçoit comme une traversée constitutive du contenu de la réalité dont il interprète les aspects essentiels.

Sans doute les différents moments de l'histoire de la philosophie peuvent-ils être compris comme des construc-

---

[101] J. LADRIÈRE, « Système », p. 586, col. 2-3.

[102] *Ibid.*, col. 3.

[103] *Ibid.*

[104] *Ibid.*

tions des systèmes de pensée. Ces systèmes se constituent d'un ensemble de concepts qui les expliquent et en déterminent le sens. On pourrait donc dire que les systèmes philosophiques sont, dans leur contenu tout comme dans leur mode de déploiement, des systèmes conceptuels. Et c'est dans ces systèmes conceptuels que la raison s'articule de manière exponentielle. Ces systèmes constituent différents moments d'articulation structurale de la raison, et donc de la rationalité philosophique. Pour Jean Ladrière, l'entreprise philosophique, dans son expression la plus récente, « se présente à nous à travers une succession de systèmes qui s'accordent sur certains points et s'opposent sur d'autres, que l'on peut essayer de comparer mais qui ont en tout cas chacun leur unité et leur logique propres, de telle sorte qu'on doit les considérer comme autant de totalités singulières relativement isolées et en quelque sorte retranchées sur les principes inspirateurs qui leur servent de base »[105]. De telles totalités sont des figures qui finissent par s'inscrire dans une vaste totalité qui trouve sa consécration fondamentale dans un moment toujours à venir.

2.4. La limitation des systèmes philosophiques

Tout système peut être compris au sens d'une synthèse, en tant que cette synthèse est un mode d'unification et de conceptualisation privilégiée à un moment donné. Il s'agit plus exactement d'un mode qui représente une vérité partielle en ce sens que cette dernière est appelée à s'intégrer dans une vérité intégrale. Un système philosophique doit sa valeur et sa justification à la valeur des concepts qu'il met en place et à partir desquels il se déploie. Il y a là l'idée sous-jacente selon laquelle un système philosophique constitue un moment historique particulier dont le sort est « de ne pouvoir se saisir dans sa vérité, puisque celle-ci ne se révèle qu'à la faveur du

---

[105] J. LADRIÈRE, *L'espérance de la raison,* p. 14.

dépassement qui conduit de ce moment aux suivants »[106]. Un tel dépassement est à la fois un indice de continuité et de discontinuité. Continuité en ce sens qu'il y a persistance de l'ancien dans le nouveau. Discontinuité dans la mesure où le nouveau révèle les limites de ce qui précède et indique des voies nouvelles.

De là résulte l'idée d'une vérité relative que contient un système philosophique. Plus exactement, « il n'y a jamais de vérité définitive, puisque tout moment nouveau introduit une réévaluation de toutes les perspectives et, en ouvrant de nouveaux possibles, fait apparaître sous un jour inédit ce qui avait été vécu jusque là, et par conséquent aussi entraîne un remaniement des jugements et des évaluations dans lesquels les moments précédents appréciaient leur propre passé »[107]. Un tel remaniement peut nécessiter la mise en œuvre d'un nouveau mode de conceptualisation. Ce mode de conceptualisation constitue une pratique à partir de laquelle, de manière tout à fait générale, « le langage découpe le canevas de référence qui rend possible l'apparition d'information. Hors de quoi la pratique demeure un processus immédiat, plus ou moins imitable, mais non pas transmissible, ni susceptible de transformations dirigées et cumulatives engendrant un progrès éventuel »[108].

Sans doute se retrouve-t-on dans l'obligation d'attirer l'attention sur le fait qu'en insistant sur le caractère partiel de la vérité que comporte un système philosophique, ce qui est visé, ce n'est pas l'accentuation d'un pur relativisme, mais l'inscription dans une vérité plus vaste qui du reste ne cesse de se construire et de se révéler. C'est donc à partir de ces jugements et de ces évaluations que se justifie le remaniement, « car toute vérité partielle s'inscrit dans une vérité plus vaste, la figure totale de la vérité est sans cesse en train de se faire, c'est par rapport à l'horizon d'une clarté

---

106 J. LADRIÈRE, « La philosophie et son passé. Durée et simultanéité », in *Revue philosophique de Louvain* 75 (1977), p. 338.

107 *Ibid.*, p. 338.

108 G.-G. GRANGER, *Essai d'une philosophie du style*, Paris, Armand Colin, 1968, p. 21.

définitive et du repos ultime de la pensée en elle-même que se construisent toutes les évaluations et toutes les interprétations »[109]. C'est suivant cette perspective que Jean Ladrière parle de l'existence d'une montée progressive de la vérité. Cette montée trouve sa justification dans la réévaluation périodique. La nécessité de cette réévaluation repose « dans la ligne d'une saturation croissante de vérité »[110].

Quand bien même il arrive à tout système de se concevoir, au cours de l'histoire, comme une consécration de plus en plus achevée ; il importe de noter qu'« à mesure qu'il s'enfonce dans le passé, sa naïveté se révèle dans une clarté croissante, l'effet de dépassement s'accentue de plus en plus, mais en même temps, et par le fait même, sa vérité, relative soit-elle, se révèle de plus en plus »[111]. Mais nous devons tout de suite indiquer la portée du présent de l'histoire dans le déploiement de tout système philosophique. Aux yeux de Jean Ladrière, « c'est seulement dans le présent de l'histoire, et dans l'ouverture qui se ménage en lui par rapport à l'*eschaton* de la pensée pleinement en acte d'elle-même, qu'un système philosophique trouve le plus haut degré de compréhension dont il est susceptible dans l'actuel »[112]. Cet aspect des choses ne veut sous-entendre que l'avenir ne joue aucun rôle dans la compréhension d'un système philosophique. Bien au contraire. « L'avenir sans doute, en le situant par rapport à des perspectives plus vastes, en fera comprendre encore mieux le véritable contenu et la signification profonde ; mais du point de vue de ce qui est effectivement révélé dans cette signification, c'est le discours du présent qui exprime tout ce qu'on peut en dire »[113].

Il en découle que la fécondité d'un système de pensée ou de concept finit par montrer ses limites. Il y a comme une

---

109 J. LADRIÈRE, « La philosophie et son passé », p. 338-339.
110 *Ibid.*, p. 339.
111 *Ibid.*, p. 339.
112 *Ibid.*
113 *Ibid.*

limitation interne dans tout système de pensée. Cette limitation interne est comprise en termes d'ambivalence. Nous pourrions suggérer que tout système tente de proposer un mode unique de synthèse à un moment donné ; mais il se construit sur des ressources provisoires, comme l'a bien remarqué Jean Ladrière lorsqu'il écrit : « Chaque système, à sa manière, tente de s'égaler à l'exigence de la pensée en proposant, selon des ressources provisoires mais indépassables dans le moment où il se construit, un mode d'unification et donc une figure de synthèse, qui n'est cependant encore qu'une anticipation de la seule véritable et unique synthèse toujours à venir »[114]. Cette synthèse à venir est éventuellement celle qui annonce une vérité intégrale capable d'absorber une vérité partielle contenue dans chaque système.

Bien entendu, « le développement même des virtualités rationnelles contenues dans toute pseudo-synthèse momentanée doit inévitablement faire apparaître, tôt ou tard, ses limitations et ruiner le fragile équilibre qu'elle avait un instant fait exister dans l'ordre du concept »[115]. Cela sous-entend la fragilité de tout système philosophique dans la mesure où la quête toujours incessante de la vérité est en tout cas un moment indispensable pour la découverte de la véritable portée de ce système. Ainsi tout moment réflexif est avant tout un moment de jugement. Il existe, sans doute, « un moment qui marque le dépassement et qui prépare comme un nouveau sursaut du concept pour refaire l'unité manquée à quelque palier supérieur de totalisation »[116].

L'histoire de la philosophie est marquée par une manifestation progressive du véritable contenu de la raison, qui se cristallise et s'actualise sans cesse dans une sorte de dépassement. La succession de différents systèmes est un témoignage « des étapes de la raison spéculative dans son cheminement vers elle-même. Chaque étape représente une

114 J. LADRIÈRE, « La philosophie et son passé », p. 337.
115 *Ibid.*, p. 339.
116 *Ibid.*

vérité partielle, dont le sens est de préparer la découverte d'une vérité plus englobante capable de l'absorber »[117]. On passe alors d'un palier au suivant. Au moyen d'un tel passage « la raison philosophique découvre le caractère seulement relatif et partiel de la vérité déjà manifestée et s'ouvre à une conceptualisation plus adéquate »[118].

Cet exemple de dépassement fait voir le caractère provisoire de tout système de pensée, caractère qui nous permet d'évoquer le contraste qui met en évidence l'ambivalence de l'idée de limite soulignée ici. Il convient de rappeler que cette idée de limite a été développée par Jean Ladrière dans un travail qui a constitué sa thèse d'agrégation consacrée au thème de la limitation. En effet, dans *Les limitations internes des formalismes*[119], Jean Ladrière a montré un contraste énigmatique qui s'établissait « entre le caractère limité des formalismes soumis à des conditions strictes d'effectivité, et l'extension infinie de l'univers mathématique, dans des régions situées bien au-delà de l'effectuable »[120]. Ce contraste permet de relever le fait que la limite introduit la détermination et donne un contenu et une effectivité ; en ce sens, elle donne à l'expérience une forme, des contours, une structure repérable. En outre, « elle fixe des frontières, elle arrête l'élan de la pensée, elle sépare ce qui, dans le domaine qu'elle circonscrit, peut recevoir un sens et se prêter à une investigation effective, de ce qui, au contraire, représente, par rapport à ce domaine, une altérité apparemment radicale »[121]. Les limitations internes concernent des cadres bien définis, qui sont généralement de type mathéma-

---

[117] J. LADRIÈRE, *L'espérance de la raison,* p. 15.

[118] *Ibid.*

[119] J. LADRIÈRE, *Les limitations internes des formalismes. Étude sur la signification du théorème de Gödel et des théorèmes apparentés dans la théorie des fondements des mathématiques,* Leuven- Paris, Nauwelaerts-Gauthier Villars, 1957 et Paris, Jacques Gabay, 1992.

[120] J. LADRIÈRE, « Table ronde », in B. FELTZ et M. GHINS (éds), *Les défis de la rationalité,* p. 116.

[121] *Ibid.*

tique[122]. Bien entendu, « il y a des limitations internes, associées aux méthodes qui sont utilisées »[123].

Ces considérations servent d'illustration à ce qui marque la démarche de la pensée philosophique. Cette démarche est soutenue par une problématique essentielle, celle de la dynamique de la raison, consciente de la finitude. Cette dynamique nous permet de comprendre que tout moment, qu'il soit d'équilibration ou de déséquilibration, d'intégration ou de dépassement, est la solidification ponctuelle et nécessairement provisoire d'un mouvement de retour à soi qui se tient inévitablement dans une infaillible continuité. En reconnaissant le caractère provisoire de toute synthèse à laquelle elle accorde une sorte de privilège à un tel moment, la pensée doit augurer que « cette explication même qu'elle se donne de son propre cheminement est appelée à son tour à être dépassée dans quelque figure encore à venir, dissimulée pour ainsi dire dans l'espace indéfiniment ouvert de l'énigme »[124].

On le voit, le caractère provisoire et évolutif des systèmes philosophiques est évidemment appelé à être reconnu. Cet état de choses permet de mettre en relief à la fois une montée progressive de la vérité et une dérive unidirectionnelle de tous les systèmes et de tous les jugements. Cela est dû à l'évaluation, mieux, à la réévaluation périodique des systèmes de pensée. Et cela

[122] Nous ne le dirons jamais assez, en étudiant le théorème de Gödel, Jean Ladrière en est arrivé à démontrer que même les connaissances que les mathématiques construisent n'ont pas une fondation absolue ; les mathématiques, dont les formalismes constituent une forme d'expression très rigoureuse, ont des limitations internes. Une telle position demeure originale et propre à Jean Ladrière et met en exergue la limitation de l'activité rationnelle, même dans un domaine aussi solidement fondé que celui de la pensée mathématique. Pour plus de détails, lire *Les limitations internes des formalismes*, p. 35-55.

[123] J. LADRIÈRE, *La foi chrétienne et le destin de la raison*, p. 23.

[124] J. LADRIÈRE, « La philosophie et son passé », p. 338.

dans la mesure où une forme donnée trouve sa justification et sa consécration dans une forme à venir de la pensée[125].

Il ressort de ces considérations qu'un système philosophique trouve le plus haut degré de compréhension dont il est susceptible dans le moment actuel seulement dans le présent de l'histoire et dans l'ouverture qui se ménage en lui par rapport à l'avenir de la pensée pleinement en acte d'elle-même. Pour Jean Ladrière, c'est dans la mesure où l'avenir tentera de situer ce système par rapport à des perspectives plus vastes qu'il en fera comprendre encore mieux le véritable contenu et la signification profonde, qui s'expriment généralement dans des concepts.

2.5. Le statut des concepts philosophiques

Nous avons essayé d'indiquer le statut épistémologique de la philosophie. Il nous reste de considérer le statut des concepts au moyen desquels la connaissance qu'elle construit se transmet et se justifie. Avant de proposer ce statut, il paraît opportun de faire un point sur la manière dont le langage se constitue et le critère de validité même du langage constitué.

2.5.1. Constitution du langage philosophique et critère de validité

Se demander comment se constitue le langage philosophique revient à se demander, d'une part, quelle est la nature du langage et quel est son mode de fonctionnement, et, d'autre part, quel est le critère de validité que l'on privilégie dans la limitation du champ d'action du langage d'un domaine donné. Dans l'examen d'une telle question, on doit tenir compte de la portée du vocabulaire, c'est-à-dire de la valeur des concepts qui constituent des éléments essentiels au moyen desquels un

---

[125] N. KALINDULA, *Exigence critique, rationalité et méthodologie des sciences. Penser avec Jean Ladrière,* Louvain-la-Neuve, Academia, 2019, p. 181.

langage donné met en œuvre les mécanismes de signification. Tout l'intérêt que revêt la portée du langage a été admirablement exprimé par Jean Ladrière :

> Le langage est l'ensemble des règles qui permettent de former des propositions douées de sens, et susceptibles dès lors d'être vraies ou fausses. De façon plus précise, il comporte la fourniture d'un certain vocabulaire et la donnée de règles de formation permettant, à partir des termes du vocabulaire des termes complexes, et ensuite, à partir des termes (simples ou complexes), des expressions jouant le rôle de propositions, c'est-à-dire susceptibles de porter un sens complet, d'articuler un ensemble de significations par rapport à une expérience[126].

Jean Ladrière parle du vocabulaire et des règles que comporte le langage et à partir desquels on arrive à former des concepts et des propositions capables de porter un sens complet et d'articuler un ensemble de significations par rapport à une expérience. Cela signifie que, dans le langage, les termes ou les concepts, qui sont des instruments de base d'un vocabulaire donné et les règles à partir desquelles on forme des propositions douées de sens, constituent des éléments indispensables sans lesquels l'articulation d'un ensemble de significations par rapport à l'expérience ne peut avoir lieu. Plus précisément, les termes conceptuels et les règles de formation des propositions jouent un rôle décisif dans le processus de signification de l'expérience. En un sens, ces termes conceptuels et les règles de formation sont essentiels puisqu'ils représentent, il faut le reconnaître, les seules spécifications à travers lesquelles la signification a lieu.

Quant au critère de validité, il « permet d'isoler, dans la classe des propositions que le langage permet de construire, une sous-classe formée des propositions qui sont déclarées

---

126 J. LADRIÈRE, « L'inertie du champ épistémologique », in *Colloque d'Histoire des sciences* (Recueil des travaux d'histoire et de philologie, 6e série, fascicule 6), Louvain, Bureau du Recueil Bibliothèque de l'Université – Nauwelaerts, 1976, p. 6.

valides »[127]. On peut classer des concepts selon qu'ils se rapportent à l'intuition sensible ou empirique et, pour ce faire, donnent lieu à la connaissance mathématique (intuition sensible) ou constituent l'armature de notre connaissance du monde extérieur (intuition empirique) ; ou encore, selon qu'ils ne se rapportent pas à l'intuition et ne peuvent donner lieu à une connaissance, jouent un rôle dans la vie de la pensée (concepts de la raison). Le rôle que jouent les concepts de la raison, en tant qu'ils ne se rapportent pas à l'intuition, selon une inspiration de source kantienne, consiste fondamentalement en ceci qu'ils permettent de « ramener à l'unité les règles de l'entendement au moyen de principes »[128]. Les principes sont de toute évidence des supports de construction d'un savoir authentique, qui est essentiellement un savoir selon la raison, c'est-à-dire un savoir capable de fournir la garantie de son authenticité : « C'est un savoir qui non seulement se présente comme valable, mais qui explique pourquoi il l'est. On pourrait dire aussi que, en tant qu'il se donne ses raisons, c'est un savoir critique, c'est-à-dire un savoir qui est fondé sur un discernement »[129]. C'est en quelque sorte un savoir qui indique et saisit ce sur quoi il prend appui. Le savoir de la philosophie se construit dans un langage spécifique.

2.5.2. La spécificité du langage de la philosophie

Comme toute discipline où l'esprit est à l'œuvre, la philosophie a, elle aussi, un langage qui lui est spécifique. Elle a des concepts qui ont un statut particulier dans la mesure où ils sont des éléments dont elle se sert pour s'élaborer et se communiquer. Ceci revient à indiquer que le langage philosophique est d'un type tout à fait particulier ; il y a des critères qui le caractérisent, le déterminent et le

---

[127] J. LADRIÈRE, « L'inertie du champ épistémologique », p. 6.
[128] E. KANT, *Critique de la raison pure* (traduction de A. Tremesaygues et M. Pacaud), Paris, PUF, 1944, p. 256.
[129] J. LADRIERE, *La foi chrétienne et le destin de la raison*, p. 85.

distinguent d'autres types de langage ou du langage d'autres types de discipline dans lesquels l'esprit est également à l'œuvre. On peut peut-être admettre que l'évocation de l'idée de critère est un élément tout à fait intéressant dans la détermination du caractère rationnel du discours philosophique. On sait le rôle combien important que cette idée joue dans les pratiques rationnelles, en particulier dans les domaines de la science et de la philosophie.

En réalité, dans la pratique scientifique, « le critère joue un rôle essentiel ; c'est lui qui nous permet de reconnaître la validité de ce qui est affirmé. Ainsi, dans les sciences empiriques, le critère est l'accord (ou en tout cas un accord jugé suffisant) avec les données de l'expérience »[130]. Ce qui est dit de la pratique scientifique concerne également la pratique philosophique où un accent est également mis sur la validité de ce qui est dicible sur l'expérience, sur l'existence. Dans la mesure où le discours philosophique tente de déchiffrer le sens de l'expérience, il essaie de mettre en œuvre un critère à partir duquel il fait apparaître ce sens et donne la signification de ce qui concerne l'expérience humaine. Il y a là une véritable exigence d'intelligibilité qui, en définitive, met en exergue « l'autocompréhension dont l'être humain est capable à l'égard de lui-même »[131]. On pourrait même parler tout simplement de la mise en exergue de la compréhension de l'expérience humaine en rapport avec la réalité.

Or, cette mise en œuvre indique la voie que la philosophie adopte. C'est celle de l'élucidation de l'expérience. Autrement dit, il s'agit de l'interprétation de l'expérience. On est là au cœur du domaine herméneutique dans lequel « le critère est la capacité de créer un effet de sens jugé suffisant, de faire apparaître un sens là où il n'y en avait pas, ou de faire apparaître un surplus de sens là où il y en avait très peu »[132]. C'est la philosophie qui constitue ce

---

[130] J. LADRIÈRE, *La foi chrétienne et le destin de la raison*, p. 126.
[131] *Ibid.*, p. 96.
[132] *Ibid.*, p. 126.

domaine où est mis en œuvre un projet de compréhension et de justification de caractère radical, « qui concerne aussi bien la nature que l'existence humaine »[133]. Ce projet trouve son expression dans un langage approprié au moyen duquel la philosophie essaie de proposer une élucidation de l'existence, mieux, de la totalité de la réalité. Peut-être pourrait-il s'agir là d'une prétention ; mais une telle prétention ne conduirait-elle pas à l'authenticité du questionnement initial sur tous les secteurs de l'expérience humaine ? Pour Jean Ladrière, c'est sans l'ambition du discours spéculatif qui essaie de dire le concret lui-même nullement dans l'infinie diversité de ses apparences mais dans ce qui le détermine à être irréductible.

L'authenticité du questionnement initial est, en effet, ce qui renvoie au fondement, mieux, à la pensée du fondement. Cette pensée, on le sait, comporte une dimension qui accorde une priorité à la pensée critique et qui constitue ce qui permet au discours philosophique de se substituer au discours vacillant de l'opinion, se contentant d'affirmer sans savoir vraiment pourquoi et sans être capable d'alléguer d'authentiques raisons. On peut, plus exactement, dire que le discours philosophique est ce discours « fondé qui se redouble de sa propre évaluation, et dans lequel s'exprime un savoir qui sait qu'il sait, dans quelle mesure il sait, et pourquoi il sait »[134].

Il est peut-être intéressant d'invoquer explicitement, comme l'a bien fait Jean Ladrière, la célèbre distinction établie par Emmanuel Kant entre la connaissance philosophique et la connaissance mathématique ; distinction selon laquelle « la connaissance philosophique est une connaissance rationnelle par concepts et la connaissance mathématique est une connaissance rationnelle par construction de concepts »[135]. Cela revient à dire précisément que la connaissance mathématique procède par une

---

133 J. LADRIÈRE, *La foi chrétienne et le destin de la raison*, p. 95.

134 *Ibid.*, p. 58.

135 E. KANT, *Critique de la raison pure*, p. 493.

construction de concepts, alors que la philosophie se sert des concepts. Ceux-ci « se fondent donc sur la spontanéité de la pensée »[136]. En ce sens, penser, c'est « connaître par concepts »[137].

En ce qui concerne particulièrement la mathématique, Jean Ladrière, en la comparant à son unité, affirme « qu'elle est la théorie générale des structures »[138]. Mais, selon lui, « une structure est toujours réalisée sur un support. Or ce qui est visé, c'est la structure en tant que telle, c'est-à-dire la forme. Du point de vue de sa dynamique, la pensée mathématique progresse dans le sens d'une abstraction croissante, à la faveur de laquelle sont dégagées des structures de plus en plus fondamentales, c'est-à-dire de plus en plus éloignées des domaines particuliers en lesquels elles étaient immergées »[139]. On le voit à tout le moins, la pensée mathématique se déploie dans la thématisation dont le sens trouve son expression dans l'avènement de la forme pure. Cette forme pure est contenue dans les formes connues qui comportent un ensemble de virtualités. Elle est comme un objet ultime dans le langage de la forme.

Mais pour Jean Ladrière, cet objet, dans la mesure où il veut être forme pure, se place au-delà de toute forme (l'idée de forme étant entendue ici dans le sens de formes connues). Et pourtant, il n'est pas totalement détaché de concrétude qu'incarnent les formes connues. Cela en ce sens que, en chaque structure, cet objet est « ce qui lui donne précisément d'être une incarnation partielle de ce qui est visé par l'idée de forme et ce qui est appel, en elle, à un dépassement vers une réalisation plus épurée de cette idée »[140].

Cela caractérise la connaissance mathématique en tant qu'elle est connaissance par construction de concepts au

[136] E. KANT, *Critique de la raison pure* (traduction et présentation par Alain Renaut), Paris, Gallimard, 2006, p. 155.

[137] *Ibid.*, p. 156.

[138] J. LADRIÈRE, *La foi chrétienne et le destin de la raison*, p. 70.

[139] *Ibid.*

[140] *Ibid.*, p. 58.

point qu'il est possible de considérer la place majeure qu'occupe le concept de forme dans le tissu historique de la pensée mathématique. Toutefois, la connaissance philosophique, on l'a bien mentionné, en tant qu'elle est une connaissance par concepts, vise la totalité. Une telle visée entre en ligne de compte de l'effectuation de la raison, mieux, de la dynamique de la raison. Dans la mesure où la philosophie est une pensée par concepts, elle est instauration du sens de la totalité de l'expérience. Elle « peut être comprise comme l'entreprise de l'auto-compréhension humaine »[141].

L'évocation de cette distinction nous conduit à considérer que la connaissance par concepts s'inscrit dans le mouvement général de la totalisation. À la suite de Kant, Jean Ladrière précise le statut des concepts spéculatifs dans la connaissance rationnelle, affirmant qu'une connaissance par concepts est une connaissance transcendantale. Cela signifie que c'est une connaissance « qui est relative aux conditions de constitution de l'objet de connaissance et donc de la connaissance elle-même »[142]. Cette connaissance est intuitive, c'est-à-dire elle a un rapport immédiat aux objets. Organisée par des concepts, l'intuition parvient à donner une connaissance qui apparaît dans deux catégories d'intuitions : l'intuition sensible et empirique.

Pour Emmanuel Kant tout comme pour Jean Ladrière, les concepts qui se rapportent à l'intuition sensible pure engendrent la connaissance mathématique ; alors que ceux « qui se rapportent à l'intuition empirique constituent l'armature de notre connaissance du monde extérieur »[143]. Mais les concepts de l'intuition empirique apparaissent comme n'étant rien d'autre que les règles selon lesquelles l'entendement ramène les phénomènes à l'unité. De ces deux catégories de concepts Jean Ladrière arrive, dans une sorte de conséquence qu'il en tire, à mettre en exergue le

---

[141] J. LADRIÈRE, *La foi chrétienne et le destin de la raison,* p. 57.
[142] J. LADRIÈRE, « Langage scientifique et langage spéculatif », in *Revue philosophique de Louvain* 69 (février 1971), p. 261.
[143] *Ibid.*, p. 262.

rôle de la sensibilité dans la connaissance par concepts. D'où, tout l'intérêt à indiquer le statut de cette connaissance : « La connaissance par concepts est donc la détermination synthétisante du divers présenté par la sensibilité qui fait d'une simple rhapsodie d'impressions un véritable objet de connaissance »[144]. C'est en cela que s'illustre l'entreprise philosophique. En tant que telle, elle comporte un sens et une justification. « Si une telle entreprise a un sens et une justification, c'est parce que l'une des caractéristiques de l'existence humaine est précisément d'être capable de se saisir d'elle-même et de se dire à elle-même sous la forme d'un discours dont l'articulation la révèle à elle-même »[145].

Mais l'existence ne peut se dire sous la forme d'un discours qu'au moyen des concepts. En ce sens, la philosophie a instauré un savoir authentique à partir duquel « commence le processus de la constitution de la raison »[146]. En ce processus se trouve une tentative, qui a pris la forme de philosophie spéculative, « de compréhension de l'expérience humaine en totalité, et, corrélativement, du réel en totalité »[147]. Il y a une double version qui se dégage dans la philosophie spéculative. La première version est descriptive et « prend en compte l'ensemble de l'expérience dans ses diverses variétés, mais ne prétend pas faire autre chose que la décrire le plus fidèlement possible »[148]. L'idée sous-jacente ici est celle qui consiste à saisir l'expérience dans sa totalité et à l'exprimer au moyen des concepts adéquats. Or les concepts qui visent la totalité de l'expérience sont des concepts rationnels. Comme l'a souligné Jean Ladrière, suivant la perspective kantienne dont il va *in fine* s'écarter, ces concepts « se rapportent à quelque chose où rentre toute expérience, mais qui n'est

---

144 J. LADRIÈRE, « Langage scientifique et langage spéculatif », p. 262.
145 J. LADRIÈRE, *La foi chrétienne et le destin de la raison,* p. 57.
146 *Ibid.,* p. 59.
147 *Ibid.,* p. 97.
148 *Ibid.*

jamais en lui-même un objet de l'expérience »[149] que nous tentons de saisir. D'où la portée de l'idée de « saisir ».

L'originalité de Jean Ladrière, par rapport à la perspective kantienne, qui porte un accent sur l'idée de saisir (« Begreifenn » en allemand), consiste à donner un sens tout à fait nouveau à cette idée. Pour lui, l'important dans cette idée, « c'est le rapport à la totalité, plus exactement l'indication d'un mouvement de totalisation »[150]. Ce mouvement s'accomplit dans un vaste système de connexions dans lequel le réel tout entier trouve sa place. Toute la portée significative de l'idée de saisir trouve une expression remarquable dans une très belle formule, de caractère métaphorique, qu'emploie Jean Ladrière :

> Saisir ensemble, c'est rassembler dans une texture unique, c'est enserrer en quelque sorte dans les mailles d'un immense filet toute la diversité de ce qui peut s'offrir dans l'expérience, non seulement de ce qui s'est déjà effectivement montré mais de tout ce qui, de soi, appartient à une expérience possible. En d'autres termes, c'est poser un système de connexions assez vaste pour que, présomptivement tout au moins, le réel tout entier puisse y trouver sa place, dans toute son étendue et dans toute la diversité de ses aspects[151].

La seconde version « c'est celle qui prend une forme amplificatrice. Elle fait appel, pour comprendre l'expérience telle qu'elle se donne, à des éléments qui ne sont pas donnés comme tels dans l'expérience, à des entités ou à des propriétés auxquelles la pensée se trouve contrainte d'avoir recours pour rendre compte complètement de l'expérience »[152]. On l'a indiqué tantôt, un tel recours cherche à montrer que le système de connexions posé suppose qu'on doit aller au-delà des limites de l'expérience actuelle. Et cela, pour deux raisons.

---

149 J. LADRIÈRE, « Langage scientifique et langage spéculatif », p. 262.
150 *Ibid.*, p. 262-263.
151 *Ibid.*, p. 263.
152 J. LADRIÈRE, *La foi chrétienne et le destin de la raison*, p. 97.

En premier lieu, dans la mesure où l'expérience se présente comme un processus et non comme une somme de données, « elle est essentiellement ouverte à des prolongements possibles, et rien ne permet de penser que ces prolongements doivent se présenter sous la forme d'un retour »[153]. Ce qui est plutôt suggéré là, c'est l'apparition de possibilités toujours nouvelles sans toutefois que cette apparition ne puisse comporter une discontinuité absolue d'autant plus que « toute figure nouvelle du monde doit être compossible avec les figures antérieures »[154]. Cela « ne signifie pas nécessairement qu'il y ait une détermination stricte du futur par le passé mais, à tout le moins, que chaque nouvelle figure est l'actualisation de virtualités qui, d'une manière ou d'une autre, devaient déjà être présentes dans les figures antérieures »[155].

En second lieu, la notion d'expérience actuelle est complexe. D'une part, on a « ce qui se donne, l'apparence chatoyante des phénomènes, le spectacle visible du monde, le jeu incessant des images, la prolifération des phénomènes »[156]. Mais d'autre part, il y a « ce qu'on pourrait appeler la profondeur du phénomène, ce qui lui donne d'être tel, sa structure, ce qui règle son apparition, ses liens avec les autres phénomènes, dans l'espace comme dans le temps, ses raisons, son droit, sa justification »[157].

Ainsi, pour saisir le phénomène, on est appelé à tenir essentiellement compte de cette double dimension. Il faut, en un mot, le saisir ensemble. « Saisir ensemble, c'est non seulement prolonger l'expérience vers ses possibles, c'est aussi apercevoir ce qui fait la connexion de toutes ses parties, comment tout se tient ensemble, comment et pourquoi il est vrai de dire et de penser qu'il y a une figure du monde, non une simple masse amorphe de données ou

---

153 J. LADRIÈRE, « Langage scientifique et langage spéculatif », p. 263.

154 *Ibid.*

155 *Ibid.*

156 *Ibid.*

157 *Ibid.*

d'impressions, et, plus radicalement encore, un monde réellement un »[158].

Il y a là le mode de signification du langage spéculatif. Il y a aussi là clairement indiquée l'idée de constitution d'un système cohérent, logique. Or la cohérence et la logique sont des caractères rationnels qui nous permettent de bien saisir l'expérience. « La cohérence est cette qualité du système en vertu de laquelle tous les termes dont il est constitué se présupposent l'un l'autre et ne sont signifiants que dans leurs relations réciproques »[159]. Quant à l'aspect logique, il est « cette qualité du système qui doit lui assurer sa non-contradiction et autoriser la validité, dans le contexte de ses termes et propositions, des opérations classiques de la logique, en particulier l'inférence »[160]. Ces deux éléments, l'aspect cohérent et logique, servent de base pour l'interprétation de l'expérience. Ils sont comme le présupposé d'une loi de concaténation universelle qui permet « de conjurer la part invisible du monde et de découvrir la congruence qui la relie à sa face visible »[161]. Cette méthode de la philosophie spéculative est en quelque sorte reprise dans la démarche de la science moderne où ce qui est visé, c'est le savoir, l'*épistèmè*. Mais avec les Temps modernes, la philosophie cesse d'être à proprement parler épistèmè et devient réflexive. Le caractère réflexif se rend manifeste en ceci que la philosophie « devient l'étude critique des conditions de possibilité du savoir. Et de même elle n'est pas elle-même action, au sens premier d'action sur le monde. Mais elle devient l'élucidation de ce qui est nécessairement impliqué dans la réalité de l'action »[162].

Cette élucidation s'effectue en toute lucidité au moyen d'un discours qui revêt une forme transcendantale, spéculative. « La philosophie s'ouvre ainsi un nouveau

---

158 J. LADRIÈRE, « Langage scientifique et langage spéculatif », p. 263.
159 *Ibid.*, p. 271.
160 *Ibid.* p. 271-272.
161 *Ibid.*, p. 23.
162 J. LADRIÈRE, *La foi chrétienne et le destin de la raison*, p. 148.

champ du transcendantal »[163]. Ce qui va davantage radicaliser le projet de la philosophie transcendantale, c'est la phénoménologie, en mettant en œuvre « une méthode qui doit permettre à la pensée de revenir aux structures les plus originaires qui sous-tendent la constitution de l'expérience, au sens le plus général du terme »[164]. Cette méthode aboutit à la recherche du sens de l'expérience, mieux, à la recherche de la transparence. Or une telle recherche prend la forme d'une connaissance critique de ce qui constitue essentiellement l'expérience. Par là la philosophie se révèle être une discipline réflexive et fondatrice.

2.6. La philosophie est une discipline réflexive et fondatrice

Le postulat de base qui guide la discussion à ce niveau soutient que la question du fondement est de nature philosophique. Cette question se pose à propos de l'effectuation de la raison considérée comme concept fondateur. L'examen porte principalement sur le rôle indubitable de la réflexion que la raison opère sur ses propres figures à partir du moment où, comme l'a montré Jean Ladrière, elle s'interroge « sur le projet originaire lui-même, sur ses conditions de possibilité, sur sa cohérence interne, et en définitive sur sa contribution à la réalisation d'une destinée »[165].

Le concept de logos a été élaboré en philosophie dans un moment réflexif. Ce moment a essentiellement porté un accent particulier sur les pratiques intellectuelles que la raison instaure. Cela fait que la raison « a ses propres possibilités et son propre cheminement. Elle construit sa problématique selon les contraintes que lui impose l'ordre même qu'elle se consacre à instaurer »[166]. Or, cet ordre peut être cognitif et revêtir une dimension à la fois réflexive et instauratrice. La philosophie, en tant qu'elle relève

163 J. LADRIÈRE, *La foi chrétienne et le destin de la raison*, p. 148.
164 *Ibid.*
165 *Ibid.*, p. 62.
166 J. LADRIÈRE, *L'articulation du sens. II. Les langages de la foi*, Paris, Cerf, 1984, p. 19.

fondamentalement de l'ordre cognitif, inscrit son entreprise dans une double perspective qui s'exprime dans l'instance réflexive et dans l'instance instauratrice.

Du point de vue de l'instance réflexive, qui est le premier aspect de l'entreprise de la philosophie, il se dégage l'idée selon laquelle la philosophie réfléchit sur ce qui s'est passé et sur ce qui se passe, sans toutefois créer quelque chose par elle-même. En ce sens, son activité principale consiste à réfléchir sur le donné qui existe et qui se donne à cette activité comme matériau dont elle essaie de déceler le sens, la structure, le contenu. On pourrait dire qu'à ce stade « elle ne fait que rendre visible, explicite, ce qui est présent et actif dans les activités créatrices, comme les activités artistiques ou politiques. Elle fait passer dans la parole l'implicite du vécu, de l'action, de la création, du mouvement de la culture »[167]. Considérée ainsi, la philosophie « est une activité du second ordre, les activités du premier ordre étant les activités proprement créatrices »[168]. La réflexion est donc seconde.

Mais le second point de vue s'appuie sur le premier dans la mesure où la philosophie assume cette tâche réflexive. Ainsi elle est « elle-même créatrice, ou plus exactement instauratrice : elle instaure un certain type d'activité, qui a son originalité, et qui se constitue comme une dimension authentique, et même fondamentale, de la culture »[169]. Jean Ladrière nous l'explique mieux en soulignant que « la réflexion philosophique est un effort en vue d'élucider la totalité de l'expérience et de la réalité mais elle se propose d'élaborer cette élucidation sous la forme d'un discours critique, c'est-à-dire d'un discours qui soit capable de faire apparaître sa propre légitimité »[170]. Or, renchérit-il : « Constituer une interprétation critique de l'expérience, c'est non seulement construire un savoir vrai,

---

[167] J. LADRIÈRE, « Historicité et vérité. Approche philosophique », in *Le Supplément* n° 188-189 (janvier-juin 1994), p. 14.
[168] *Ibid.*
[169] *Ibid.*
[170] J. LADRIÈRE, « La philosophie des sciences », p. 697.

mais c'est aussi, en même temps, assurer ce savoir de son fondement, c'est-à-dire monter son droit à la vérité, exhiber les raisons de sa validité »[171].

Jean Ladrière montre que la philosophie est une entreprise de l'autocompréhension de l'existence humaine. Une telle entreprise « est habitée par un pouvoir de clarté dont la parole apparaît comme l'expression la plus immédiate, ce qui explique que la philosophie, dès ses débuts, l'ait désigné du nom de *logos* »[172]. De ce point de vue, la philosophie « s'est constituée à partir du moment où s'est dégagée en toute clarté la possibilité d'un discours selon le concept. Et même, plus exactement, à partir du moment où cette possibilité a été pensée comme telle, dans un concept qui en dit la nature et les enjeux. Ce concept est celui de l'*épistèmè*, c'est-à-dire du savoir authentique, ou encore du savoir conforme à la vérité »[173]. On voit là, en filigrane, se faufiler un effort critique censé dégager la structure et le contenu de ce savoir et un effort réflexif censé en dégager la signification et la justification.

Dans la mesure où, dès ses débuts, le discours philosophique cherche à se substituer au discours vacillant de l'opinion, la question de la vérité de ce discours est sous-jacente en mesure qu'elle suppose celle de la fondation du discours philosophique. Dès ses origines, le discours philosophique s'est voulu être un discours fondé. Jean Ladrière souligne qu'avec l'institution de la philosophie, comprise au sens du savoir authentique, « commence le processus de la constitution de la raison »[174]. Terme qui désigne ce pouvoir qui est en l'homme, de compréhension et de clarté sur soi et sur le monde. La raison est également « ce domaine objectif dans lequel se montrent l'existence et le réel lui-même selon leur vérité »[175]. On comprend, dès

[171] J. LADRIÈRE, « La philosophie des sciences », p. 697.

[172] J. LADRIÈRE, *La foi chrétienne et le destin de la raison*, p. 57.

[173] *Ibid.*, p. 58.

[174] *Ibid.*, p. 59.

[175] *Ibid.*

lors, qu'on ne puisse poser le problème de la vérité qu'en correspondance avec l'articulation de la raison sur le réel.

Il y a une adéquation entre le réel et l'intelligible. Cette adéquation s'effectue suivant un processus qui met en jeu un pouvoir révélant et une objectivité constituée de l'intelligible. Ce processus s'ordonne à la régulation du vrai, qui prend appui sur des constructions que la raison réalise au moyen des règles qu'elle établit en amont. Il y a une sorte de reconnaissance assumée et résolue des exigences qui appartiennent à la constitution de l'intelligible. Cette reconnaissance est le présupposé au moyen duquel on détermine les conditions de possibilité de l'effectuation et de correspondance de la pensée dans le réel comme tel.

Sans doute y a-t-il là une tâche que l'on doit assumer en montrant que la raison se manifeste dans deux modalités principales dans son effort d'appréhension et de signification du monde et de l'expérience : le caractère réflexif (ou la dimension purement réflexive) et le caractère instaurateur doté d'une forte puissance critique. En tout cas, ces deux modalités essentielles de la raison « se font valoir d'une part comme force instauratrice, créatrice d'un monde effectif où la raison se reconnaît, et d'autre part comme puissance critique, étrangère d'une certaine manière à ce monde mais s'affirmant comme porteuse d'une exigence à la fois jugeante et inspirante »[176]. Et Jean Ladrière trouve une belle formule pour préciser la discipline à laquelle revient une telle tâche. Ainsi écrit-il : « La tâche d'une telle réflexion est proprement philosophique. Elle est d'ailleurs présente très explicitement dans la grande tradition rationaliste »[177]. Il évoque, à propos de cette grande tradition, la contribution décisive d'Emmanuel Kant, dans la *Critique de la raison pure*, et celle d'Edmund Husserl, dans *La crise des sciences européennes*.

Pour lui, la préoccupation centrale d'une théorie de la raison « concerne cette sorte de dualité qui paraît habiter la

---

[176] J. LADRIÈRE, *L'espérance de la raison,* p. 79-80.
[177] *Ibid.,* p. 80.

raison »[178]. Le souci majeur consiste à comprendre comment la même puissance se manifeste d'un côté « comme force organisatrice, instauratrice d'une objectivité seconde »[179], essentiellement non réductible à celle de l'expérience. Et de l'autre côté, « comme force jugeante, critique d'elle-même et indicatrice d'un moment de radicalité, ouvrant d'une certaine manière une référence à un ultime »[180]. On trouve là l'idée selon laquelle le problème du fondement est avant tout une idée de nature philosophique, qui relève elle-même de la raison théorique. Plus exactement, la tâche que la philosophie assume, dans sa perspective rationaliste, est celle qui consiste à fonder et à justifier la connaissance qu'elle élabore et la signification qu'elle donne sur la nature ou sur la totalité de l'expérience à partir de ce savoir constitué.

L'institution de la philosophie inaugure la constitution de la raison. Du reste le concept de raison acquiert, dans son versant fondamentalement théorique, le statut de concept fondateur. En la raison se montrent l'existence et le réel lui-même. Une telle monstration est, par conséquent, l'effectuation d'une double mise en perspective de la raison comme pouvoir révélant et comme objectivité constituée de l'intelligible. Il y a une réciprocité dynamique qui s'instaure entre cette double mise en perspective de la raison. La tâche principale que ce pouvoir assume et exerce est de permettre à l'esprit de découvrir de proche en proche le royaume de l'intelligible et d'instaurer ce royaume selon la visée de la réciprocité évoquée.

La raison comporte un contenu. C'est au moyen d'une réflexion sur ses propres constructions qu'elle se donne son contenu. Par là elle met en œuvre un processus d'auto-constitution, qui « dépend, pour s'accomplir, des initiatives de la raison elle-même »[181]. Jean Ladrière parle de processus d'autoconstitution de la raison. Cela signifie que

---

178 J. LADRIÈRE, *L'espérance de la raison*, p. 80.

179 *Ibid.*

180 *Ibid.*

181 J. LADRIÈRE, *La foi chrétienne et le destin de la raison*, p. 60.

l'instauration de la raison n'est pas d'un seul moment, c'est un perpétuel recommencement où il y a incorporation de l'actuel dans l'antérieur, c'est-à-dire que dans ce qui est nouveau s'imbrique ce qui s'est produit dans le moment originaire. Mais « l'initiative n'est pas le simple prolongement d'une action commencée antérieurement, qui continuerait à se dérouler en vertu de son énergie interne, c'est une action vraiment nouvelle, en laquelle la pensée doit se réassumer entièrement elle-même dans la réeffectuation résolue des décisions originaires, par une mise en jeu de la liberté instituante aussi radicale qu'au premier jour »[182].

Cet aspect fait que le processus d'autoconstitution de la raison est ce moment qui permet à la raison théorique de revêtir une figure, qui est celle des formes intelligibles. Ainsi, dans son exercice, la raison théorique, qui s'effectue dans les objectivités qu'elle découvre en les constituant (celle des objets mathématiques, des formes logiques, des théories physiques, des systèmes conceptuels, des constructions philosophiques), « est reconnaissance assumée et résolue des exigences qui appartiennent à la constitution de l'intelligible »[183]. Cependant, cette reconnaissance n'a lieu qu'au moyen d'un effort de la raison conçue à la fois comme un pouvoir de construction et une force organisatrice interne de l'expérience. Cet effort est celui dont témoigne toute l'histoire de la philosophie et dont le projet comporte les éléments constitutifs. De ce point de vue, la philosophie est un effort justificateur et anticipateur qui est censé « éclairer aussi bien les chemins de la connaissance que ceux de l'action »[184]. Cet éclairement est désormais appelé à comprendre qu'il n'est pas ultime, qu'il appelle toujours à un incessant mouvement d'approfondissement.

---

182 J. LADRIÈRE, *La foi chrétienne et le destin de la raison,* p. 60.
183 *Ibid.,* p. 61.
184 J. LADRIERE, *Le temps du possible,* p. 176.

CHAPITRE III

MÉTASCIENCES ET THÉORIE DU FONDEMENT DES SCIENCES

Les crises qui sont apparues au sein des sciences à la fin du XIXe et au début du XXe siècle ont constitué un moment décisif dans les recherches sur les fondements. Ces recherches sont à la base de la naissance et du développement des métasciences. Celles-ci ont eu pour mission principale de juguler ces crises et de conférer aux sciences une cohérence et une consistance. Une de grandes figures de cette entreprise fondationnelle est David Hilbert, qui a créé la métamathématique. Le souci majeur de cette entreprise était d'assurer à l'édifice scientifique une fondation absolue.

Cependant, ce projet aboutit à un échec dans la mesure où une fondation absolue de l'édifice scientifique est un leurre. Il nous paraît opportun d'envisager une autre voie qui soit en mesure de proposer une fondation à l'édifice scientifique sans toutefois avoir la prétention d'être une fondation absolue. C'est cet aspect que nous voudrions aborder dans ce chapitre.

Nous l'aborderons en trois temps. En un premier temps, nous étudierons le concept de métascience et sa portée dans la théorie du fondement. En un deuxième temps, nous présenterons le langage au moyen duquel une métascience élabore ses théories. En un troisième temps, nous préciserons le rôle de la raison[185] dans la théorie du fondement.

[185] Nous tenterons également de montrer que la thématique de la raison dans la construction des connaissances scientifiques est de portée majeure dans les débats des cercles épistémologiques.

3.1. Le concept de métascience et sa portée dans la théorie du fondement

Les recherches fondationnelles concernent le problème des présuppositions. Or, les présuppositions renvoient à l'idée de fondement. Cette idée a conduit les scientifiques et les philosophes à porter une attention particulière à l'aspect métadisciplinaire des disciplines auxquelles ils consacrent leurs travaux et leur réflexion et à indiquer leur fécondité. On ne pouvait penser à résoudre des crises qui affectaient les critères de l'évidence ou encore les conditions de possibilité de l'édifice scientifique lui-même qu'en cherchant à poser des bases solides sur lesquelles cet édifice repose. C'est sur ces bases que l'édifice scientifique devrait manifester son efficacité, trouver sa cohérence et sa consistance. On devait alors affiner des concepts, au vu d'une perpétuelle évolution et du risque de la remise en cause à laquelle l'édifice scientifique était désormais appelé à faire face.

Le souci de fournir la clé de l'intelligibilité de la science est à la base de la naissance d'une discipline nouvelle. Or la clé de l'intelligibilité suppose la réflexivité en tant que dimension au moyen de laquelle on tente d'aller au-delà de ce que la science construit afin de pouvoir le fonder. C'est ainsi qu'on a été conduit à construire une discipline nouvelle dont l'objectif était d'élaborer une connaissance qui possède un niveau réflexif au moyen duquel une science se met en question, au moins jusqu'à un certain point. Et cette discipline nouvelle a pris le nom de métascience.

La métascience est une discipline qui a pour objet la science dans la mesure où elle apparaît comme une certaine instance supérieure dont la mission est d'assurer la cohérence et la consistance à l'édifice scientifique lui-même. Cela exige l'élaboration des modèles théoriques à partir desquels on arrive à accentuer le moment réflexif, qui repose principalement sur une critique rigoureuse. Or ce moment n'est autre que celui d'une manifestation de l'un des objectifs de la philosophie des sciences. Cet objectif, selon Giraldo-Restrepo, a toujours été de comprendre la nature des théories scientifiques, c'est-à-dire de rendre clair et compréhensif le concept de théorie scientifique. « La métascience, branche florissante de la philosophie des sciences, tente de donner une telle définition, à travers des modèles théoriques »[186]. Un tel travail suppose un examen approfondi non seulement de la méthodologie mais également de l'épistémologie[187] d'une science ou d'un groupe de sciences.

Au cœur de l'investigation de la métascience se trouve sa prétention à assurer la cohérence à l'édifice scientifique ; cette prétention suppose l'élaboration des modèles théoriques supérieurs au moyen desquels on arrive à poser des problèmes fondationnels. Partant du cas des mathématiques, nous pouvons considérer que la recherche de l'éclairement et de la compréhension du concept de théorie scientifique a été florissante en ceci que les mathématiques ont développé un moment réflexif dans l'élaboration de leurs connaissances. Ainsi ont-elles effectué une remontée vers les fondements[188]. Mais on doit immédiatement préciser que cette remontée vers les fondements se situe avant tout dans la compréhension interne des mathématiques elles-mêmes. Ce qui est dit des mathématiques concerne de prime abord la science elle-même. En l'interrogeant, on se rend compte que la science a entamé elle-même une réflexion fondamentale au cours de son accomplissement.

On peut même indiquer une simultanéité entre le moment de la création et celui de la réflexion qui caractérise la construction de l'édifice scientifique. Jean Ladrière exprime dans une formule claire, élégante et admirable une

---

186 G. GIRALDO-RESTREPO, « Métascience », in S. AUROUX (éd.), *Encyclopédie philosophique universelle.* II. *Les notions philosophiques. Dictionnaire.*2. *Philosophie occidentale : M-Z. Pensées asiatiques. Conceptualisation des sociétés traditionnelles. Table analytique*, 1re édition, Paris, PUF, 1990, p. 1625, col. 2.

187 Sur ce sujet, voir G.-G. GRANGER, « Épistémologie », p. 565-572.

188 S. GANDON et I. SMADJA (éds), *Philosophie des mathématiques. Ontologie, vérité, fondements* (trad. A.-M. Boivert, S.Gandon, B.Halimi, I. Ly, S.Maronne, I.Smadja, B.Timmermans), Paris, Vrin, 2013.

inséparabilité entre le moment de la création et celui de la réflexion en science :

> En science, le moment de la création est inséparable du moment de la réflexion et il vient une époque où celui-ci devient premier ; la science, à partir d'un certain état de son développement, tend nécessairement à se fonder. Elle y est obligée par certaines difficultés profondes qu'elle rencontre et qui sont liées au sens même de son entreprise ; pour les surmonter, elle est obligée de critiquer non seulement les méthodes ou la portée de tel ou tel résultat particulier, mais les objectifs premiers qu'elle prétend poursuivre[189].

Jean Ladrière met un accent sur le caractère inséparable entre ces deux moments. Pour déceler la signification de la dimension réflexive de la démarche scientifique elle-même, on est obligé d'indiquer que cette démarche effectue elle-même une reprise sur ses propres actes. C'est cette recherche de la signification de la reprise de la science sur ses propres actes qui a conduit naturellement au problème posé par les recherches sur les fondements. Problème de portée essentiellement épistémologique qui permet de rendre compte de l'attitude fondamentale de la science. C'est cette attitude fondamentale de la science qui l'a amenée à porter une interrogation sur ses propres fondements. On pourrait même dire que c'est la dimension réflexive de la science qui a fait apparaître la dimension des fondements et lui a permis de rendre compte de la consistance de ses démarches et des critères de justification de ces dernières.

La science prend appui sur cette dimension lorsqu'elle s'essaie à fonder et à réaliser un examen sur la synthèse conceptuelle au moyen de laquelle elle tend à produire un système de représentations dans lequel elle tente d'exprimer la vision qu'elle prend de sa propre nature. Cette mise en perspective de la dimension réflexive apparaît en quelque sorte comme un effet saillant grâce à la maturation

---

189 J. LADRIÈRE, « La philosophie des mathématiques et le problème du formalisme », in *Revue Philosophique de Louvain* 57 (1959), p. 616.

de la réflexion critique qui est à la base de la découverte de la dimension des fondements. C'est à cette découverte que se consacre et s'articule l'œuvre des métadisciplines ou des métasciences.

Cet état de choses conduit à considérer que la science développe un niveau réflexif qui lui permet de s'interroger sur elle-même, sur ses orientations et sur ses propres conséquences. Cela signifie que la science se pense. Elle se pense dans l'activité de ceux qui la construisent : « Les scientifiques, qui la déconstruisent et la construisent en même temps, la pensent à deux niveaux, d'une part selon l'état de leurs disciplines ou leurs théories, selon les opérations qui les constituent, d'autre part à l'articulation de leur spécialité, aux disciplines connexes, à la société ou à la culture dans lesquelles ils travaillent »[190]. C'est plus le premier niveau qui nous intéresse ici dans la mesure où il concerne le moment réflexif de la constitution des opérations des disciplines scientifiques, de leurs théories et de leurs méthodes. Nous avons à nous demander ce que ce niveau signifie effectivement.

L'effort à fournir au niveau réflexif de la démarche scientifique consiste à indiquer l'autonomie de la connaissance qu'elle construit d'autant plus que cette autonomie repose sur les principes fondateurs de la connaissance ainsi élaborée. On doit, suivant ce point de vue, chercher à dégager les présupposés de la connaissance que la science élabore pour les critiquer. Le travail épistémologique s'effectue à ce niveau.

La science est capable de se remettre sans cesse en chantier pour se reconstruire. Ce travail met en œuvre la normativité immanente de la démarche scientifique elle-même. Et l'épistémologie réalise un travail qui va au-delà d'une simple description des démarches qui réussissent en science. « Elle vise à dégager une normativité immanente, mais celle-ci ne vient pas de quelque instance supérieure ou

[190] A.-M. RIEU, « Philosophie et science moderne », in S. AUROUX (éd.), *Encyclopédie philosophique universelle*. II., p. 2322, col. 1-2.

de quelque décision préalable. Elle est impliquée dans le projet constituant, et celui-ci ne peut être saisi qu'à travers les modalités concrètes de sa mise en œuvre, qui sont comme les signes en lesquels il s'annonce »[191].

L'invocation du dégagement de la normativité immanente comme visée de la réflexion critique que l'épistémologie effectue nous plonge au cœur des discussions sur l'objet des métasciences. On pourrait postuler que c'est en vue de dégager cette normativité immanente que sont nées et se sont justifiées les métasciences. Celles-ci, on le voit, se préoccupent de mettre au jour les présuppositions des sciences dans le domaine desquelles elles interviennent. Elles essaient de déceler les principes immanents des démarches des sciences, de préciser les idées et les critères qui les déterminent et les hiérarchisent. Elles effectuent un travail de présuppositions. C'est dans ce sens que Jean Ladrière parle de l'étude des présuppositions de diverses sciences et de la science en général. Il postule l'existence d'une répartition des présuppositions en niveaux hiérarchisés. Cela implique qu'une « certaine classe de principes peut être commandée par un critère qui joue, à leur égard, le rôle d'une présupposition plus fondamentale. L'étude des présuppositions des diverses sciences, et de la science en général, fait l'objet de ce qu'on appelle les "recherches sur les fondements" »[192].

On le sait, la science a longtemps cru devoir s'assurer de sa consistance par rapport aux progrès qu'elle a réalisés, et cela, à mesure qu'elle se rendait maîtresse de ses méthodes. Cela concernait pratiquement le problème de son contenu. Mais elle a vu se développer en son sein une problématique nouvelle qui dépasse celle du contenu et qui conduit à considérer que ce dépassement consiste à la fois au dévoilement du caractère spécifique de l'ordre scientifique et en l'achèvement qui lui confère sa consistance propre. À partir de ce dépassement, on a aperçu, « derrière

[191] J. LADRIÈRE, « Herméneutique et épistémologie », p. 108.
[192] J. LADRIÈRE, « Sciences et discours rationnel », p. 552, col. 1.

l'accumulation des résultats particuliers de la science et la succession des théories, la vie de la science elle-même, ou encore l'attitude fondamentale qui constitue la science »[193].

L'accomplissement de ce dégagement de l'attitude fondamentale de la science s'est effectué au moyen des progrès scientifiques qui, selon Jean Ladrière, ont obligé l'intelligence scientifique à revenir en quelque sorte à son projet initial pour l'éclaircir et l'assumer, de façon plus rigoureuse. Elle devrait prendre position vis-à-vis de certaines crises dans lesquelles sa cohérence interne s'est retrouvée menacée. C'est dans cette perspective que la science a été amenée à s'interroger sur le sens du mouvement qui la porte, dont elle est censée expliciter les composantes, et à envisager l'étude des présuppositions.

À partir de là on peut noter que le processus qui a permis à la science de se donner de proche en proche ses propres fondements « n'est devenu pleinement conscient de lui-même que dans un cas privilégié et en même temps peu représentatif, celui des mathématiques. C'est un cas privilégié car les objets mathématiques sont, en principe, totalement transparents à l'esprit. Mais c'est en même temps un cas peu représentatif parce que, en mathématiques, la perception ne joue, en principe, aucun rôle »[194].

3.2. La métamathématique

Ce préalable nous permet d'indiquer que, s'agissant plus exactement de l'étude des présuppositions, les mathématiques se sont sans doute mieux illustrées dans ce domaine que d'autres disciplines scientifiques au point qu'elles peuvent leur servir de modèle. Cela signifie que dans les autres sciences, le problème des fondements est également posé. On peut relever le cas des sciences logico-empiriques où « le processus de l'auto-fondation est aussi à l'œuvre, mais d'une manière moins évidente et moins

---

[193] J. LADRIÈRE, *La science, le monde et la foi*, p. 21.
[194] *Ibid.*, p. 55-56.

assurée »[195]. En d'autres termes, les mathématiques, au moyen de leurs méthodes essentiellement rigoureuses dans la construction et dans la définition de leurs objets, sont parvenues à une maturation suffisante. Leurs démarches sont plus évidentes et plus assurées à tel point qu'elles constituent des bases méthodologiques pour les sciences physiques et biologiques[196]. On doit même y adjoindre les sciences humaines d'autant plus que, il faut naturellement le reconnaître, ces sciences ont été amenées, dans l'effort de construction d'une connaissance rigoureuse, plus évidente et plus assurée, à recourir aux méthodes qui ont fait leurs preuves en mathématiques.

On peut même, suivant cet angle d'analyse, rappeler que dès le XVIIe siècle, toute la science subit l'influence de la mathématisation. Les mathématiques connaissent un extraordinaire foisonnement qui élargit le champ d'action de cette discipline « et aiguise sa force d'intervention dans le domaine des autres sciences. Les mathématiques s'appliquent progressivement aux diverses branches de la physique »[197]. C'est ainsi que les travaux de René Descartes et de Galileo Galilée vont plus particulièrement mettre en exergue la place décisive que les mathématiques occupent dans leur construction. Cette application s'est progressivement étendue à toutes les disciplines scientifiques. René Lavendhomme évoque aussi cette relation : « La mathématique apparaît d'abord dans le rôle modeste de la langue outil ; mais ensuite elle révèle son véritable visage de dévoreuse de concepts »[198].

---

[195] J. LADRIÈRE, *La science, le monde et la foi,* p. 56.

[196] Dominique Lambert indique, lui aussi, la place importante que les mathématiques occupent dans les sciences de la nature et plus particulièrement en physique et en biologie. Pour plus de détails à ce sujet, lire D. LAMBERT, « Vers de nouvelles interactions entre mathématiques et biologie », in *Revue Philosophique de Louvain* 93 (février-mai 1995) n° 1-2, p. 82-92.

[197] A. DAHAN-DALMEDICO et J. PEIFFER, *Une histoire des mathématiques. Routes et dédales,* Paris, Seuil, 1996, p. 35.

[198] R. LAVENDHOMME, « Vérité, historicité et mathématiques », in *Le Supplément* 188-189 (janvier-juin 1994), p. 87.

Les XIXe et XXe siècles vont davantage accentuer la mathématisation de l'activité scientifique. La formalisation va inexorablement y jouer un rôle de premier plan au point que toute connaissance qui se veut être rigoureuse est obligée de se formaliser. C'est en quelque sorte le règne de la raison formalisante. En un sens, c'est la symbolisation qui érige son royaume. Le rôle que joue la symbolicité dans les sciences mathématiques conduit à considérer qu'un savoir scientifique rigoureux s'élabore sur la base des données essentielles de la raison formalisante qui a dominé l'activité mathématique où elle a fait ses preuves. On peut dire qu'en mathématiques la raison formalisante et opérante est à l'œuvre, s'exerce et permet de donner à leurs démarches une fondation de portée tout à fait significative. Les mathématiques offrent une puissante rigueur dans la manipulation formelle des objets qu'elles construisent et rendent ces objets transparents à l'esprit.

On pourrait poser que les mathématiques construisent des objets dont l'esprit s'efforce de démontrer l'exactitude dans la manipulation des symboles au moyen desquels ils sont formés. Elles procèdent à leur définition exacte et, à partir de là, elles établissent des règles de leur déduction. Elles établissent également des critères et des principes à partir desquels elles valident les connaissances qu'elles élaborent. Une telle conception met un accent particulier sur la validité a priori des propositions mathématiques. Le Cercle de Vienne s'est illustré dans ce domaine. Il conditionnait l'admission de la validité a priori des propositions logiques et mathématiques en dehors de toute expérience. Pour ses membres, ces propositions « sont, en effet, seulement des transformations symboliques. Leur validité a priori dérive de conventions de langage qui appartiennent au domaine de la symbolisation et ne déterminent pas les lois de la nature, mais seulement les lois du symbolisme »[199].

[199] J.-F. MALHERBE, « Le scientisme du Cercle de Vienne », in *Revue philosophique de Louvain* 72 (1974), p. 566.

Ce n'est qu'une parenthèse qui nous permet de revenir aux démarches des sciences mathématiques et au rapport qu'il faut établir entre les mathématiques et la métamathématique. L'établissement d'un tel rapport entre en ligne de compte du problème des recherches sur les fondements des disciplines scientifiques dont nous avons à nous occuper ici. On pourrait dire que les démarches que les mathématiques mettent en œuvre s'appuient sur des idées inspiratrices, sur des critères et sur des principes qui fondent, peut-être implicitement, leur discours et qui leur confèrent un caractère tout à fait critique. Or, peut-on le postuler, le terme de présupposition sert de poteau indicateur dans le travail fondationnel.

Cela nous oblige, en ce qui concerne particulièrement les mathématiques, à considérer que cette discipline scientifique a vu naître en son sein une discipline tout à fait nouvelle qui devrait examiner le caractère tout à fait cohérent, rigoureux et rationnel des mathématiques. C'est la métamathématique, pour utiliser l'appellation de David Hilbert. Pour Jean Ladrière, on l'appelle ainsi, « dans la mesure où elle apparaît comme une sorte d'instance supérieure chargée d'assurer la cohérence de l'édifice mathématique lui-même »[200]. On pourrait dire, suivant ce point de vue, que la métamathématique s'occupe des fondements des mathématiques. En considérant la dimension purement théorique de la discipline mathématique, il y a lieu d'indiquer, comme l'a fait Evandro Agazzi, qu'elle est basée sur la démonstration rationnelle rigoureuse de propositions abstraites et générales dont les solutions de problèmes concrets ne sont que des cas particuliers[201]. Le Cercle de Vienne a fait autant à propos des mathématiques. Jean-François Malherbe présente la conception du Cercle de Vienne sur les mathématiques et indique que ce même Cercle, par-delà la reconnaissance de

---

[200] J. LADRIÈRE, « La philosophie des mathématiques et le problème du formalisme », p. 617.

[201] E. AGAZZI, « Mathématique », in S. AUROUX (éd.), *Encyclopédie philosophique universelle.* II., p. 1560, col. 1-2.

l'expérience comme source principale pour établir la validité des jugements synthétiques, « estime cependant que les jugements mathématiques sont analytiques et échappent à l'emprise de l'expérience »[202]. Cela ne demeure acceptable que suivant un certain point de vue.

Mais une telle conception fait preuve de ses limites dans la mesure où les mathématiques expriment quelque part une connaissance de la réalité. On connaît le rôle qu'elles ont joué et continuent de jouer sur le plan pratique. Certes, l'être mathématique est situé dans une sphère idéale qui ne semble, en une certaine approximation, avoir aucun rapport avec l'expérience. La position de Jean Ladrière au sujet du rapport entre la sphère idéale, dans laquelle est situé l'être mathématique, et l'expérience, est intéressante. Pour lui, « si l'être mathématique apparaît comme situé en une sphère idéale dont le formalisme ne serait que la manifestation visible, il ne peut jamais être totalement coupé de l'expérience »[203]. Nous pensons que cette position de Jean Ladrière dépasse celle tenue par le Cercle de Vienne qui situe uniquement l'admission de la validité des propositions logiques et mathématiques dans l'a priori, excluant ainsi toute expérience du champ de connaissance logico-mathématique. Jean Ladrière insiste sur le fait que l'être mathématique tient à l'expérience à la fois par ses origines et par ses prolongements. Il vient de l'expérience et y retourne.

On peut considérer, de ce point de vue, la possibilité que les théories les plus élaborées offrent de rejoindre le fond de l'expérience. À propos Jean Ladrière écrit :

> Il est possible de rejoindre de proche en proche, à partir des théories les plus élaborées, en suivant la chaîne des problèmes qui y ont conduit, les premiers gestes par lesquels le monde de l'idéalité a été constitué sur le fond de l'expérience perceptive. C'est toujours en celle-ci que plonge l'expérience mathématique : parce qu'elle est thématisation

---

[202] J.-F. MALHERBE, « Le scientisme du Cercle de Vienne », p. 566.

[203] J. LADRIÈRE, « La philosophie des mathématiques et le problème du formalisme », p. 615.

de perçu, elle renvoie toujours au sol sur lequel elle se constitue. C'est pourquoi l'être mathématique est un outil efficace de connaissance du monde. La théorie pure conduit aux applications et, à travers celles-ci, c'est bien le monde réel de l'expérience ordinaire qui se trouve visé. Sans doute le rapport n'est-il pas immédiat ; l'application n'est possible qu'au moment où le projet scientifique s'est déjà emparé du donné pour le préparer en quelque sorte au calcul ; et, de ce point de vue, il faudra comprendre comment s'articulent le projet mathématique, le projet physique (ou biologique ou sociologique) et le monde de la perception[204].

La question de l'objectivité en mathématiques permet d'envisager un lien hautement rationnel entre le symbolisme, qui s'actualise dans le formalisme, et la représentation concrète des symboles. L'arithmétique, conçue comme science des nombres, et la géométrie, conçue comme science des figures, nous fournissent des exemples fort éloquents en ce qui concerne plus particulièrement la représentation. Nous aurons plus loin l'occasion de dire quelques mots à ce sujet.

Ce que l'on peut retenir dans ces démarches, c'est la mise en exergue de leur caractère rigoureux. L'analyse de ces démarches permet de dégager leurs structures essentiellement rationnelles. Or, l'effort à fournir dans le processus de discernement et de dégagement de ces structures prend naturellement appui sur une instance supérieure chargée d'assurer la cohérence, la consistance à l'édifice que ces démarches construisent. Une telle instance supérieure est ce que l'on a appelé ci-dessus la métamathématique.

Ce dernier aspect n'est invoqué que pour nous permettre de revenir à la métamathématique. L'interrogation sur la justification logique des méthodes efficaces en mathématiques a conduit à prendre en compte l'aspect de la démonstration exacte, qui concerne le côté de la déduction formellement impeccable de propositions à partir des

---

[204] J. LADRIÈRE, « La philosophie des mathématiques et le problème du formalisme », p. 615.

prémisses, et celui de la définition exacte, qui concerne le côté de la clarification totale des concepts employés[205]. Au cœur de ces aspects se trouve le problème de rigueur et de certitude ou d'exactitude. Ces péripéties induisent qu'« une partie toujours plus importante des recherches en mathématique est la conséquence de réflexions critiques faites sur les mathématiques elles-mêmes et donc de nature métamathématique, au sens général de ce mot »[206].

Le caractère réflexif qui marque la construction mathématique est comme une instance à partir de laquelle on arrive à poser pour l'édifice mathématique un cadre dans lequel il se réalise. On pourrait même dire que les critères opérant dans la construction du champ mathématique présupposent une réflexivité. C'est en quelque sorte cette présupposition qui confère au champ mathématique le caractère au moyen duquel il effectue un discernement sur des procédures de validation de ses connaissances.

3.3. La méta-biologie

On peut brièvement considérer, pour les sciences de la nature, le cas de la méta-biologie. On devra envisager essentiellement ici une analyse sur une conception de la science dans le domaine des sciences biologiques afin de relever le niveau d'intelligibilité et de réflexivité qui caractérise leur discours. Ce niveau rend compte des opérations critiques qui s'effectuent et qui marquent fondamentalement la construction des théories dans les sciences biologiques. Le cas de la théorie de la sélection naturelle nous fournit un exemple fort intéressant[207]. On pourrait même dire que cette théorie est de portée très significative dans le développement de la biologie.

Dans le sillage de ce concept particulièrement pertinent en biologie se situe le débat sur le réductionnisme en

---

205 E. AGAZZI, « Mathématique », p. 1561, col. 2.

206 *Ibid.*

207 B. FELTZ, « Le concept de sélection naturelle : entre science et idéologie », in *Revue des Questions Scientifiques* 168 (1997) n° 4, p. 359-369.

biologie en tant que ce dernier permet de rendre compte du caractère métadisciplinaire de la biologie. Les points de vue de Bernard Feltz, Werner Callebaut et Robert Franck nous serviront d'appui pour étayer notre propos. Ces auteurs nous offrent un éclairement plus ou moins adéquat au problème du fondement de la biologie.

Ils indiquent, d'une part, la tentative de fonder la biologie à partir des théories que l'on construit en son sein pour lui assurer une certaine cohérence et une certaine consistance. Cette position postule une autonomie de la démarche des sciences biologiques. D'autre part, on tente de fonder les théories de la biologie sur les démarches physico-chimiques. Cette tendance fait de la biologie une zone des sciences physico-chimiques.

Bernard Feltz éclaire le débat sur le fondement de la biologie en le situant entre la conception autonomiste et la conception provincialiste de la biologie. La conception autonomiste est celle qui, sous l'impulsion de E. Mayr, pose que « les buts de la biologie et les méthodes appropriées pour les atteindre sont différents de ceux des autres sciences de la nature, et la pratique biologique doit rester de manière permanente isolée des méthodes et théories de la science physique »[208]. Par contre, la conception inverse est celle qui trouve dans la physique le fondement de la biologie. Cette position est qualifiée de provincialiste ou de réductionniste. F. Crick en est un de grands représentants : « Pour lui, on peut espérer voir la biologie entière expliquée en fonction des niveaux inférieurs, biochimique, organique, et ainsi jusqu'au niveau atomique »[209]. Comme on peut s'en apercevoir, la question du fondement de la biologie est examinée dans le réductionnisme où elle trouve un éclairement.

Bernard Feltz présente ce débat suivant une double approche : historique et épistémologique. Il appuie l'appro-

---

[208] B. FELTZ, « Le réductionnisme en biologie. Approches historique et épistémologique », in *Revue philosophique de Louvain* 93, n° 1-2 (février-mai 1995), p. 9.

[209] *Ibid.*

che historique sur la théorie cellulaire du vivant et fait mention de l'opposition qui marque l'histoire de la biologie dès ses débuts entre mécanistes et vitalistes. Selon lui, le souci du mécaniste c'est de constituer une science du vivant sur le modèle de la physique et d'appliquer les concepts et les méthodes physico-chimiques au vivant. Tandis que le vitaliste, lui, postule la nécessité de recourir à des concepts et à des méthodes spécifiques pour rendre compte du vivant et propose, pour ce faire, le concept de force vitale qui, selon lui, est irréductible aux propriétés de ses composants physico-chimiques. Aux yeux de Bernard Feltz, la fécondité de cette tension tout au long de l'histoire de la biologie a donné lieu à une troisième voie, celle de la théorie cellulaire, qui marque profondément la biologie contemporaine[210].

L'approche épistémologique que présente Bernard Feltz rend compte de la portée du réductionnisme en biologie. Le débat ici est dominé par un conflit qui prend corps dans deux thématiques : la spécificité de l'explication fonctionnelle et la question de la réduction entre théories. Au sujet de la spécificité de l'explication fonctionnelle, Bernard Feltz évoque la position classique, qui est celle de Nagel, et relève des analyses plus récentes qui insistent davantage sur l'irréductibilité de l'explication fonctionnelle. Deux noms méritent d'être cités dans ce contexte : L. Wright et A. Rosenberg[211].

Nous n'entrerons pas dans tous les détails possibles à cet effet. Mais nous pouvons retenir avec Bernard Feltz que L. Wright situe l'approche fonctionnelle sur le plan explicatif et, à la différence de Nagel, aborde l'explication en termes de causalité. Pour lui, « l'explication téléologique garde toute sa pertinence sans que soit remis en cause le recours exclusif à la causalité efficiente. C'est précisément le recours à la sélection naturelle comme référence explicative qui permet de maintenir cette dualité »[212]. Cet aspect renforce

---

210 B. FELTZ, « Le réductionnisme en biologie », p. 10-18.
211 *Ibid.*, p. 18-25.
212 *Ibid.*, p. 21.

une position soutenue plus haut qui met à l'avant-plan le rôle et la portée du concept de sélection naturelle. Bernard Feltz conclut que, pour L. Wright, le concept de fonction semble constituer un élément irréductible de la problématique biologique[213].

L'explication fonctionnelle que nous propose Rosenberg renvoie à la biologie moléculaire, plus particulièrement à la notion d'hémoglobine. Pour lui, « la fonction est la conséquence de la conformation et la conformation est spécifiée par la séquence »[214]. L'analyse de la structure de l'hémoglobine, qui est une molécule comportant quatre parties, permet de déterminer la forme de la molécule et sa fonction et de retrouver la structure fondamentale de l'explication réductionniste[215].

D'autre part, Bernard Feltz aborde la question du réductionnisme à partir de la problématique des rapports entre théories, en s'appuyant sur les travaux de Hempel et Nagel qui fournissent une réflexion sur l'explication en sciences. Le premier auteur parle du concept d'émergence et propose le modèle déductivo-nomologique dans l'explication, dont l'essentiel peut se résumer en ceci : « D'un ensemble d'énoncés reprenant des lois générales et les conditions initiales caractérisant la situation analysée (*explanans*), on déduit un ensemble d'énoncés de description des phénomènes empiriques à expliquer (*explanandum*) »[216]. Le second auteur reprend la problématique esquissée par le premier et l'approfondit plus spécifiquement dans les sciences biologiques : « Cette spécificité biologique, écrit Bernard Feltz, il l'aborde à partir de la problématique des niveaux de hiérarchisation. Les phénomènes biologiques présentent cette particularité d'une grande complexité liée précisément à la multiplicité

---

[213] B. FELTZ, « Le réductionnisme en biologie », p. 22.
[214] A. ROSENBERG, *The structure of Biological Science,* Cambridge, Cambridge University Press, 1985, p. 85.
[215] B. FELTZ, « Le réductionnisme en biologie », p. 23.
[216] *Ibid.*, p. 25.

des niveaux de hiérarchisation impliqués »[217]. Cela ressemble à ce que nous avons appelé plus haut une instance supérieure chargée d'assurance de la cohérence de l'édifice scientifique. C'est dans divers niveaux de hiérarchisation que se donne à comprendre la question du réductionnisme en biologie. Ainsi, dans la perspective réductionniste, on tente de « montrer que les théories décrivant les phénomènes biologiques peuvent être réduites aux théories physico-chimiques »[218]. Deux conditions formelles sont posées à cet effet : la condition de connectabilité et la condition de dérivabilité[219].

Werner Callebaut développe une méta-analyse de l'explication et de la réduction. Il situe cette analyse dans un double point de vue : historique et logique. Sur le plan historique, il évoque la visée analytique des philosophes mécanistes du XVIIe siècle, visée dans laquelle « toute loi et tout fait physique devaient être expliqués par leur réduction à des interactions locales entre particules de matière impénétrables »[220]. Bien plus, il soutient en somme qu'en dépit de l'échec de la philosophie mécanique à fournir un fondement adéquat à la physique, « le programme qui consiste à réduire les lois, les théories et les faits d'une discipline à ceux d'une autre discipline, est, lui, bien vivant »[221]. Il poursuit : « L'entrée en scène, au début du XXe siècle, de la modélisation mécanique (si possible, mathématique) peut être conçue comme une réponse à la crise de la conception réductionniste unitaire de la physique mathématique classique, le prix à payer étant la multiplicité des modèles »[222]. Sur le plan logique, il note que « la réduction d'une théorie à une autre – celle que l'analyse

---

217 B. FELTZ, « Le réductionnisme en biologie », p. 27.

218 *Ibid.*, p. 27.

219 Le lecteur peut trouver des détails intéressants dans les pages 27 et 28 de ce même article.

220 W. CALLEBAUT, « Réduction et explication mécaniste en biologie », in *Revue philosophique de Louvain* 93, n° 1-2 (février-mai 1995), p. 40-41.

221 *Ibid.*, p. 41.

222 *Ibid.*

philosophique a privilégiée depuis les travaux pionniers de John Woodger et d'Ernest Nagel – a été explicitement conçue comme une forme spécifique d'explication scientifique »[223]. Ainsi pour lui, le physicalisme est un réductionnisme minimal, selon lequel « tout phénomène biologique est, en dernière instance, composé de phénomènes physico-chimiques »[224].

Robert Franck, dans le but de répondre à la question sur la pertinence de la réduction du tout aux parties[225], dégage une dimension métadisciplinaire de la biologie à partir de l'approche hiérarchique que réalise François Jacob, approche dont la thèse centrale est résumée dans le terme *intégron.* La valeur du texte de François Jacob nous oblige à le citer afin de comprendre la portée du concept d'intégron :

> Les êtres vivants se construisent (...) par une série d'empaquetages. Ils sont agencés selon une hiérarchie d'ensembles discontinus. À chaque niveau, des unités de taille relativement bien définie et de structure à peu près identique s'unissent pour former une unité à l'échelon suivant. Chacune de ces unités constituées par l'intégration de sous-unités peut être désignée par le terme général d'*intégron*. Un intégron se forme par l'assemblage d'intégrons de niveau inférieur ; il participe à la construction d'un intégron de niveau supérieur[226].

Selon Robert Franck, cette approche hiérarchique de François Jacob « est coutumière à la biologie quoique la détermination des niveaux hiérarchiques puisse varier avec les programmes de recherche qui sont poursuivis »[227]. Il précise que la particularité de François Jacob consiste en ceci qu'il « a eu l'audace d'étendre la hiérarchie au-delà du

---

223 W. CALLEBAUT, « Réduction et explication mécaniste en biologie », p. 41.

224 *Ibid.*, p. 51.

225 R. FRANCK, « Mosaïques, machines, organismes et sociétés. Examen métadisciplinaire du réductionnisme », in *Revue philosophique de Louvain* 93 (février-mai 1995) n° 1-2, p. 67-81.

226 F. JACOB, *La logique du vivant*, Paris, Gallimard, 1970, p. 323.

227 R. FRANCK, « Mosaïques, machines, organismes et sociétés. Examen métadisciplinaire du réductionnisme », p. 78.

champ de la biologie et de lui donner une portée générale métadisciplinaire »[228].

Cet état de choses conduit Robert Franck à relever à son tour cette portée métadisciplinaire et à la condenser dans une formule qu'il suggère joliment ainsi : « la matière et son "arrangement" ou sa forme deviennent des relatifs, puisque CE QUI EST FORME ou arrangement d'une matière du niveau inférieur, EST MATIÈRE de la forme ou arrangement du niveau supérieur »[229]. Le concept d'arrangement ou de structure peut être utilisé analogiquement comme renvoyant à une certaine architecture ou à une concaténation supérieure. Cette architecture supérieure correspond à ce que nous avons appelé ici une méta-biologie.

3.4. La métahistoire et la métalinguistique

Les cas des métasciences des disciplines formelles et des disciplines empirico-formelles étant examinés, nous pouvons maintenant tourner notre regard vers l'application de la notion de métascience aux sciences humaines. Nous pouvons considérer, en ce qui concerne les sciences humaines, deux cas spécifiques où la notion de métascience trouve un terrain d'application : la métahistoire et la métalinguistique. Ces deux cas pourront servir d'exemples et nous permettre d'indiquer que les sciences humaines, dans l'effort et dans le souci de procéder à leurs fondements, se sont, elles aussi, retrouvées impliquées dans les recherches fondationnelles.

3.4.1. La métahistoire

Dans une première approximation, on peut considérer le cas de l'histoire et préciser, en ce qui la concerne, à quel niveau il est possible d'envisager une dimension méta-

---

228 R. FRANCK, « Mosaïques, machines, organismes et sociétés. Examen métadisciplinaire du réductionnisme », p. 78.
229 *Ibid.*, p. 79.

disciplinaire qu'elle est susceptible de revêtir. On devra à tout le moins, avant d'en venir à la dimension méta-disciplinaire, examiner brièvement l'organisation de l'histoire en tant que discipline scientifique. Mais on doit immédiatement préciser qu'on n'entrera pas ici dans tous les détails sur la scientificité de l'histoire[230]. Ce qui nous préoccupe particulièrement à ce stade d'analyse, c'est de répondre à l'interrogation dont la formulation peut être la suivante : en tant que discipline scientifique, l'histoire se prête-t-elle à un examen rationnel plus ou moins fécond ? Requiert-elle une dimension métadisciplinaire ? Et si cela est possible, quel serait le rôle spécifique de la métahistoire ?

L'examen de cette interrogation trace un chemin à suivre dans la mesure où il permet de considérer la réalité de l'histoire à la fois dans sa surface et dans sa profondeur. Ce qui est visé ici, c'est à la fois l'objectivité historique et le moment réflexif qui caractérise la construction de cette objectivité. On pourrait dire que la dimension objective de l'histoire relève de l'ordre méthodologique. Mais les questions d'ordre méthodologique ont besoin d'une interprétation philosophique dans la mesure où il y a nécessité de thématiser la réflexion sur l'objet de l'histoire. Et la thématisation de la réflexion sur l'objet est initiée au niveau de la philosophie. Étudier l'histoire à partir de son intelligibilité constitue une visée de la totalité que nous offre la réalité historique.

L'examen de type objectif auquel on peut soumettre l'histoire renvoie à l'histoire-science. Celle-ci oblige l'historien à élaborer des principes conducteurs susceptibles de le guider et de lui indiquer comment utiliser les documents disponibles. « Ces principes mettent en jeu une certaine interprétation de l'"objectivité" historique »[231]. Mais il y a lieu de distinguer deux niveaux de la science

---

[230] J'ai abordé la question de la scientificité de l'histoire dans le chapitre cinquième de mon ouvrage intitulé *Exigence critique...*, p. 134-143.

[231] J. LADRIÈRE, « Histoire et destinée », in *Revue philosophique de Louvain* 58 (1960), p. 105.

historique : d'un côté on a l'histoire événementielle, et de l'autre, l'histoire compréhensive. L'histoire événementielle est « celle qui essaie de se tenir aussi près que possible de la matérialité des faits et pour qui l'objectivité consiste en un compte rendu aussi minutieux et aussi complet que possible des événements, présentés tels quels et liés simplement à la façon des épisodes d'un récit »[232]. Elle tend vers la chronique, dont elle ne se distingue qu'au moyen du soin qu'elle apporte à la compilation des sources.

L'histoire événementielle est quelque peu différente de l'histoire compréhensive. Celle-ci est une histoire dont l'effort est « de comprendre les événements, de saisir les relations de causalité, de dégager les intentions, de suggérer des mécanismes de liaison (tels que, par exemple, des phénomènes de diffusion, de domination, d'aggrégation [*sic*], de dislocation, etc.), de discerner parmi les faits ceux qui peuvent être considérés comme primaires et ceux qui ne sont que des effets secondaires, de classer les différents ordres de faits (faits militaires, faits économiques, faits culturels, etc.) et de découvrir les liens fonctionnels qui s'établissent entre ces ordres »[233]. En un mot, il s'agit d'une histoire dont le niveau est celui « qui recourt à des schèmes d'interprétation »[234]. Ces schèmes sont des dispositifs théoriques élaborés en vue de donner, de déterminer le sens des événements et des faits et d'établir des liens fonctionnels indispensables entre les ordres de faits ainsi classés. Ici, on tente d'approfondir l'analyse des événements et des faits et de saisir les liens qui les sous-tendent.

Ce niveau renferme une dimension essentiellement critique de la démarche qui est à l'œuvre. Il rend compte de la thématisation de la réflexion sur la méthode. Il y a comme une certaine mise entre parenthèses de la thématisation de la réflexion sur l'objet de l'histoire. Or, il faut le remarquer, la thématisation de la réflexion sur l'objet de l'histoire ne

---

232 J. LADRIÈRE, « Histoire et destinée », p. 105.
233 *Ibid.*, p. 105.
234 *Ibid.*

peut être amorcée qu'au niveau métahistorique dans la mesure où ce niveau permet de mettre en exergue une exigence d'intelligibilité. Plus exactement, la dimension métahistorique vise à comprendre l'histoire dans son unité et dans sa signification globale. Cette dimension nous est offerte par la réflexion philosophique sur l'histoire, mieux, par la philosophie de l'histoire.

On peut, pour être plus précis, dire que c'est la philosophie de l'histoire qui constitue cette instance au moyen de laquelle on peut mettre en place les principes rationnels susceptibles de rendre compte de l'histoire : « Elle se place au point de vue des raisons d'être et s'attache à mettre en lumière les principes rationnels qui peuvent rendre compte de l'histoire, soit en les cherchant à l'intérieur du mouvement historique lui-même, soit en rattachant l'interprétation de l'histoire à d'autres vues philosophiques, par exemple, celle qui concerne la nature de l'homme ou celle du cosmos »[235]. Deux plans se dégagent au niveau de la mise en œuvre d'une exigence d'intelligibilité : la recherche des lois[236] et l'analyse de l'historicité. C'est à dégager ces deux plans que se consacre la métahistoire ou l'interprétation métahistorique de l'histoire.

3.4.1.1. Le concept de métahistoire

Qu'est-ce que donc une métahistoire ? On pourrait tout simplement dire que la métahistoire est cette discipline qui s'occupe de rendre compte de la rationalité dans l'histoire. En d'autres termes, elle est « cette histoire intérieure qui donne la clé de l'intelligibilité de l'histoire extérieure, qui est sa vérité, et qui nous fait accéder finalement au sens vrai de

---

[235] J. LADRIÈRE, « Histoire et Destinée », p. 106.

[236] La recherche des lois en histoire doit être entendue au sens de la mise en œuvre d'une théorie qui soit capable de rendre compte des faits reconstitués et de les généraliser. Nous pouvons, plus précisément, interpréter la notion de lois non pas selon le sens qu'elle requiert dans les sciences de la nature, mais dans le sens de la généralisation. Cette généralisation s'appuie sur les modèles archétypaux d'explication des faits et des événements.

la condition humaine »[237]. En un sens, la métahistoire est cette instance élucidante de l'histoire empirique ou événementielle. Elle puise sa capacité d'élucidation dans les ressources que lui offre la raison en tant que fondatrice des objectités. La raison constitue une instance essentielle et indispensable dans le processus de donation de sens de l'histoire événementielle. La grille de lecture de l'histoire concrète trouve dans la raison les processus et les mécanismes rigoureux de dévoilement du sens caché des faits et des événements.

3.4.1.2. La démarche de la métahistoire

La métahistoire construit un discours qui permet de retrouver le plan de la recherche des lois dans l'organisation de l'objet de l'histoire et le plan de l'analyse de l'historicité. En un sens, cela signifie que la métahistoire construit deux plans de réflexion.

Le premier type de réflexion se soucie de mettre au jour la rationalité dans l'histoire. Cette mise au jour ne s'opère que dans une exigence de saisie des formes générales stables dans l'histoire. Or une telle saisie suppose la mise en œuvre d'une théorétique à partir de laquelle l'historien construit des schèmes susceptibles de dégager les lois qui organisent la réalité historique. Le dégagement de ces lois est une œuvre de la démarche rationnelle. Il implique la construction d'un dispositif formel au moyen duquel on peut arriver à proposer une interprétation de la réalité historique.

Ce dispositif formel permet à l'historien d'élaborer des hypothèses et de se servir d'un procédé qui repose à la fois sur l'induction et sur la déduction. Cette façon de procéder est une mise en exergue de la dimension rationnelle de la démarche de l'historien dans la mesure où celui-ci essaie de creuser jusqu'à dégager, à partir des lois, la structure organique de la réalité historique. On s'aperçoit qu'il s'agit,

---

[237] J. LADRIÈRE, *Vie sociale et destinée,* Gembloux, Duculot, 1973, p. 42.

sans doute, d'une approche structurale qui permet à l'historien de mettre en place un plan virtuel sur lequel il fait apparaître une véritable intelligibilité de la réalité historique.

L'historien, s'il veut progresser et comprendre les processus historiques, s'efforce de construire un modèle compatible avec les propriétés de la réalité historique et d'analyser la structure de cette réalité dans le but d'en dégager les péripéties inexorables. Nous pourrions analogiquement[238] transposer en histoire ce qui se passe dans le cadre des sciences de la nature, et plus particulièrement en biologie où la réinvention des formes est comprise comme une image du miroir du réductionnisme classique[239]. Il faudra attirer notre attention sur le fait qu'une telle démarche refuse la direction ambitieuse de la pensée réductrice.

Comme on l'a déjà suggéré, le fonctionnement réglé du langage au moyen duquel la science saisit le donné aboutit « à l'élaboration de systèmes théoriques, de systèmes de propositions obéissant à des lois internes de cohérence et d'organisation »[240]. C'est au niveau de la métahistoire que l'on tente, au moyen d'un dispositif formel, d'élaborer des critères et des principes qui permettent de réaliser un examen plus ou moins fécond de la démarche de la science historique. Il s'agit plus précisément des principes et des

---

238 L'analogie joue effectivement un rôle métaphorique de transposition d'un registre vers un autre. Jean-François Malherbe abonde dans le même sens lorsqu'il considère que la connaissance par analogie « est une connaissance "métaphorique", une connaissance transportée d'un registre vers un autre, du dicible vers l'indicible ». J.-F. MALHERBE, « "Saisir Dieu en son vestiaire". L'articulation théologique du sens chez Maître Eckhart », in *Laval théologique et philosophique* 49, 2 (juin 1993). *Contributions à l'épistémologie des sciences humaines et de la théologie : hommage à Jean Ladrière*, p. 203.

239 M. CROMMELINCK, « Quand la trace des souvenirs se dévoile au fond d'une coupelle. À propos du réductionnisme et des neurosciences », in *Revue philosophique de Louvain* 93, n° 1-2 (février-mai 1995) p. 156.

240 J. LADRIÈRE, « Vérité et praxis dans la démarche scientifique », in *Revue philosophique de Louvain* LXXII (1974), p. 285.

critères abstraits grâce auxquels on tente de dégager la structure, le contenu et les conditionnements historiques[241].

Voilà pourquoi André Berten, commentant Jean Ladrière, pense qu'une identification de la raison et du formalisme est une attribution du sens et donne une signification à un aspect essentiel du processus de rationalisation. Plus précisément, le formalisme articule « la propriété interne de la raison de se déployer comme processus apparemment interminable avec les exigences interprétatives d'attribution de sens, non pas en opposant sens et raison, mais en montrant comment, à partir de la dynamique propre de la raison ainsi interprétée, émergent les virtualités spécifiques de signification »[242]. Or, dans le cas de l'histoire, on n'arrive à construire les exigences interprétatives d'attribution de sens qu'au moyen de la réflexion philosophique qui s'effectue le mieux dans la philosophie de l'histoire sous la forme de la pensée de l'historicité[243].

---

241 Dans un autre contexte, Robert Bultot, examinant la question de l'historicité et de la vérité, note que la formule « Historicité et vérité » « peut inviter d'une part à traiter de l'historicité de la vérité, du devenir de celle-ci, soit du point de vue de l'épistémologie générale, soit du point de vue de l'historiographie. Et inversement, elle peut inviter à traiter de la vérité de l'histoire, soit du point de vue de la démarche historienne et de la critique historique, soit du point de vue de la véracité du discours historique, qu'il s'agisse du discours d'historiens de métiers ou d'historiens occasionnels ». R. BULTOT, « Historicité et vérité d'un point de vue d'historien », in *Le Supplément* 188-189 (janvier-juin 1994), p. 264.

242 A. BERTEN, « Formalisme, sens et pragmatique », in J. GREISCH et G. FLORIVAL (éds), *Création et événement. Autour de Jean Ladrière,* p. 258.

243 La question de la rationalité de l'histoire a un caractère fondamental ; on pourrait même dire qu'elle est de caractère philosophique. Comme on l'a déjà indiqué, elle concerne essentiellement la thématisation de la réflexion sur l'objet de l'histoire. Or la problématique de la thématisation de la réflexion sur l'objet de l'histoire renvoie principalement à l'exigence d'intelligibilité qui vise la saisie de totalité de l'histoire. Et c'est la philosophie de l'histoire qui s'occupe de cette étude dans la mesure où elle fournit une analyse approfondie de la réalité historique dont elle révèle les structures profondes. C'est un effort considérable que l'on réalise dans la philosophie de l'histoire en proposant une interprétation

On peut rappeler les deux plans de réflexion que Jean Ladrière a postulés, qui permettent de rendre compte de la rationalité de l'histoire : la recherche des lois et l'analyse de l'historicité. La recherche des lois relève de ce que nous avons appelé l'histoire de l'historien. L'historien s'efforce de donner un caractère scientifique à son entreprise en recourant à des méthodes rigoureuses susceptibles de le mettre à l'abri des critiques inutiles. Il construit des lois à partir desquelles il interprète le donné. Ces lois permettent de fonder sa démarche et de rendre compte de l'existence de la rationalité dans l'histoire.

Jean Ladrière a peut-être raison de noter que l'existence de la rationalité dans l'histoire suppose qu'« il doit être possible de saisir dans celle-ci certaines formes générales stables, qui apparaîtront comme des schèmes de concaténation. Ces schèmes, il est possible de les mettre en évidence par un procédé qui tient à la fois de l'induction et de la déduction »[244]. Ces deux démarches restent de mise dans l'effectuation de l'histoire-science.

Jean Ladrière indique que l'induction permet de dégager des faits les régularités qui s'y manifestent et de faire apparaître dans toute leur généralité les processus qui se retrouvent dans les différents secteurs de la réalité historique. Tandis que la déduction permet d'interpréter les faits à partir de connaissances philosophiques préalables au sujet de l'être humain et de retrouver sous des formes diverses, dans la multiplicité phénoménale, certains traits permanents de la nature humaine. C'est dans cette perspective qu'il cite certaines indications de Jacques Maritain, « qui distingue des formules axiomatiques et des

---

métadisciplinaire de l'histoire. Cet effort, on l'a bien suggéré, consiste en une mise en lumière des principes rationnels au moyen desquels on révèle une concaténation du mouvement historique lui-même. C'est cette concaténation qui fournit une grille d'analyse et des hypothèses à partir desquelles on arrive à proposer une interprétation aussi critique que possible.

[244] J. LADRIÈRE, *Vie sociale et destinée*, p. 41.

formules typologiques »[245]. Les formules axiomatiques sont des lois fonctionnelles, alors que les formules typologiques sont des lois vectorielles.

Il en découle que les formules axiomatiques ou lois fonctionnelles manifestent la stabilité, à l'intérieur de l'histoire, de certaines relations foncières ou de certains caractères fondamentaux. En outre, les formules typologiques ou les lois vectorielles « sont des énoncés qui concernent le mode de croissance de l'histoire et indiquent une direction typique »[246]. Le mode de croissance de l'histoire rend compte du caractère dynamique des sociétés humaines.

En ce qui concerne la pensée de l'historicité, Jean Ladrière distingue deux points de vue : l'un porte sur l'étant humain et l'autre sur l'histoire elle-même. En mettant l'accent sur l'étant humain, le premier de ces points de vue « s'efforce de comprendre l'histoire comme un déterminant de l'être de l'homme. C'est la réflexion sur l'historicité au sens strict, c'est-à-dire le caractère historique de l'être humain »[247]. Pour notre auteur, « l'historicité est envisagée ici comme une structure anthropologique, comme une dimension ontologique de l'étant humain et, comme telle, elle devient condition de possibilité de l'histoire »[248]. Ce que vise le second point de vue, c'est la mise en évidence du sens caché du cheminement historique de l'être humain. Dans cette perspective, « l'histoire ne peut se comprendre que par référence à une méta-histoire qui est comme un au-delà par rapport à l'histoire événementielle et qui est en même temps le cœur caché de l'histoire »[249]. Suivant ce point de vue, on peut même affirmer que la métahistoire constitue une instance qui dépasse l'histoire événementielle et fournit des éléments sur lesquels s'appuie l'analyse dans le but de donner le sens profond de l'histoire.

---

245 J. LADRIÈRE, *Vie sociale et destinée*, p. 41.
246 *Ibid.*
247 *Ibid.*, p. 42.
248 *Ibid.*
249 *Ibid.*

3.4.2. La métalinguistique

En une seconde approximation, on peut considérer le cas de la linguistique et indiquer son caractère métadisciplinaire. Ce caractère trouve une justification dans l'effort et dans le souci d'une description rigoureuse d'une langue. Cette description oblige à avoir recours à un système de représentation externe à la langue. Ce système revêt un caractère métalinguistique.

Jean-Pierre Desclés note qu'il y a des cas où le système linguistique est organisé comme une sous-langue servant de métalangue par rapport à la langue écrite. Pour rendre compte de ce fait, il évoque le cas du français qui, selon lui, peut être utilisé pour décrire le français ou pour décrire d'autres langues. Dans un cas ou dans l'autre, « le français est une métalangue »[250]. Cela donne à lire en filigrane l'existence d'une proximité entre une langue et une métalangue, mieux, entre une langue et sa métalangue : « Une langue, écrit-il, est un système sémiotique mais avec une propriété spécifique aux langues naturelles : la métalangue d'une langue peut être inscrite à l'intérieur d'une langue »[251]. L'exemple du français évoqué ici le montre clairement.

Mais la métalinguistique déborde ce cadre purement de l'inscription d'une métalangue à l'intérieur de la langue qu'elle décrit. Elle se propose d'étudier les propriétés formelles d'une métalangue. On pourrait dire qu'elle tente de mettre en œuvre les systèmes formels au moyen desquels on peut étudier la structure d'une métalangue. Ainsi, lorsqu'on parle de métalinguistique, « on désigne les recherches qui étudient les propriétés formelles des systèmes métalinguistiques »[252]. Cela signifie que la métalinguistique est une discipline de haut niveau qui utilise des instruments symboliques pour décrire la structure et le fonctionnement d'une métalangue, en

---

[250]J.-P. DESCLÉS, « Système de représentation métalinguistique », in S. AUROUX (éd.), *Encyclopédie philosophique universelle.* II., p. 1611, col. 2.
[251] *Ibid.*
[252] *Ibid.*

mettant un accent particulier sur les systèmes métalinguistiques.

Or, comme on le sait, les instruments symboliques sont artificiels, et de surcroît, relèvent d'un caractère hautement théorique. En tant que tels, ils sont construits. Ils permettent de construire et de décrire les langues artificielles, qui sont différentes des langues naturelles quand bien même elles y puisent certains de leurs éléments constitutifs.

On comprend dès lors que les systèmes de représentation métalinguistique soient des instruments symboliques différents des langues naturelles. Mais, pour ainsi dire, c'est au moyen de ces instruments symboliques que la métalinguistique décrit des mécanismes syntaxiques et sémantiques d'une langue. On le sait, une telle description est de caractère formel dans la mesure où elle se sert des systèmes de description logiques ou mathématiques dans lesquels des énoncés sont représentés par une formule logique ou mathématique. On pourrait même dire qu'ils sont des systèmes artificiels dans la mesure où ils construisent et utilisent un langage essentiellement formel, de caractère logico-mathématique, pour décrire la structure et l'organisation d'une métalangue.

Pour rendre compte de cet état de choses, on peut évoquer avec Jean-Pierre Desclés des systèmes de représentation métalinguistique comme ceux de la logique mathématique et de l'informatique qui sont essentiellement des systèmes artificiels. On pourrait même dire que c'est dans le cadre des systèmes de description logiques (prédicat, calcul) et des représentations informatiques (comme les frames ou schémas de Minsky, les structures de dépendance conceptuelle de Schank, les structures casuelles abstraites héritées de Fillmore) que se déploie la représentation d'un énoncé.

Dans le premier cas, « chaque énoncé est alors représenté par une formule logique chargée de décrire certains mécanismes syntaxiques et sémantiques »[253]. Cela signifie que la représentation d'un énoncé au moyen d'une formule logique joue un rôle décisif dans la description des mécanismes syntaxiques et sémantiques. On s'aperçoit dès lors du caractère rigoureux de la démarche mise en œuvre pour décrire et représenter un énoncé. Dans le second cas, « un énoncé linguistique est mis en correspondance avec une représentation métalinguistique chargée de représenter les informations extraites de l'énoncé ; ces informations représentées sont intégrées à d'autres représentations des connaissances sur lesquelles opèrent les processus de compréhension du langage »[254]. Ici aussi, il y a la mise en œuvre d'une double représentation. La mise en correspondance d'un énoncé linguistique avec une représentation métalinguistique repose sur une double opération : représentation des informations extraites d'un énoncé et intégration de ces informations dans d'autres représentations au moyen desquelles la compréhension du langage est rendue possible. En d'autres termes, la compréhension du langage est mise au jour au moyen de cette double effectuation de la représentation d'un énoncé.

On doit noter que l'on exige d'un système de représentation métalinguistique qu'il soit manipulable, cohérent et doué d'un pouvoir heuristique. Pour reprendre les mots de Jean-Pierre Desclés, cela signifie, plus exactement, que le caractère manipulable d'un système de représentation métalinguistique suppose qu'il doit être transparent pour l'utilisateur ; sa cohérence se justifie en ce sens qu'il doit viser à la consistance et en dernier lieu son pouvoir heuristique suppose sa capacité à faire découvrir des propriétés des phénomènes représentés.

---

[253] J.-P. DESCLÉS, « Système de représentation métalinguistique », p. 1611, col. 2 – 1612, col. 1.

[254] *Ibid.*, p. 1612, col. 1.

3.5. Les concepts de métathéorie et de métalangage

La construction de la connaissance scientifique suppose celle des théories sur lesquelles cette connaissance s'appuie et le langage dans lequel ces théories sont formulées. Mais le contenu signifié de ce langage peut avoir une certaine autonomie par rapport à la forme linguistique dans laquelle ce contenu trouve son expression. C'est sans doute le souci de rendre compte d'une telle indépendance qui a amené René Thom à considérer l'exigence d'universalité de toute proposition scientifique comme étant un élément indispensable qui est au soubassement de l'existence même de la science. On peut se contenter de citer ici quelques lignes qu'il écrit pour étayer ce que l'on vient d'indiquer : « L'existence même de la science présuppose, sur le plan de la communication linguistique, l'existence de propositions dont le contenu signifié peut être considéré comme indépendant de la forme linguistique par laquelle ce contenu s'exprime »[255].

Ce qui est dit de la science concerne également toute métascience. Cela a pour conséquence le fait que la construction d'une théorie scientifique suppose concomitamment celle du langage au moyen duquel elle est énoncée. À la notion de métascience sont nécessairement apparentées et complètement liées celles de métathéorie et de métalangage. L'association des notions de métathéorie et de métalangage à celle de métascience comporte ceci de remarquable qu'elle repose sur un véritable travail de pensée et de construction rationnelle. C'est un travail rigoureux en ce sens qu'il y a en son effectuation une exigence d'analyse critique et soutenue des méthodes et des théories que les sciences élaborent.

---

[255] R. THOM, « Formalisme et scientificité », in *Les Études Philosophiques* 2 (avril-juin 1978), p. 172.

3.5.1. Le concept de métathéorie

On peut, en un premier moment, considérer la notion de métathéorie. On devra, pour être clair, indiquer ce que ce terme désigne et signifie. Les considérations que nous fournit José-Maria Aguirre à propos de la métathéorie nous permettent de rendre compte de ce que ce terme désigne : « Le terme, écrit-il, désigne une théorie qui analyse les structures et les méthodes d'autres théories, une théorie qui a pour objet les caractéristiques structurelles des théories qui interviennent en science, quelle qu'en soit la nature particulière : une théorie des théories »[256]. Cela signifie qu'il s'agit d'une théorie qui se propose d'analyser l'armature interne des théories scientifiques afin de pouvoir déceler leurs éléments constitutifs. Elle n'y arrive qu'au moyen d'une thématisation profonde et effective des éléments qui structurent les théories qui interviennent en science.

Mais une métathéorie n'est pas une théorie générale de la science dont l'enquête porte communément sur les principes de construction des théories scientifiques particulières ; elle en est vraiment différente. Cette différence repose sur le fait que « la métathéorie considère les théories portant sur des objets déterminés, en règle générale, dans leur aspect formel. Dans ce but, la métathéorie étudie le système des postulats et des concepts des différentes théories, établit les limites d'application des théories, et analyse leurs moyens d'expression linguistiques, en considérant leur contenu empirique ou en s'assurant de leur cohérence logique »[257]. On pourrait, en d'autres termes, considérer la métathéorie comme une théorie qui s'occupe de l'aspect formel des objets déterminés qu'étudient les théories scientifiques. On pourrait plus exactement dire qu'une métathéorie s'occupe pratiquement de la mise en œuvre des conditions de formalisation des théories

---

[256] J.-M. AGUIRRE Oraa, « Métathéorie », in S. AUROUX (éd.), *Encyclopédie philosophique universelle.* II., p. 1626, col. 2.
[257] *Ibid.*

scientifiques. On connaît l'avantage indéniable que procure le formalisme dans la construction des propositions scientifiques. Comme l'a bien souligné René Thom, cet avantage consiste en ceci « qu'il a un pouvoir démonstratif sans réplique »[258].

Sans doute y a-t-il lieu de noter que la métathéorie ne se limite pas seulement à étudier les caractéristiques des structures des théories scientifiques, mais elle « analyse aussi les méthodes d'introduction des nouveaux concepts et la légitimation des postulats de la théorie »[259]. Cela se réalise au moyen des langages formalisés. On comprend dès lors que la formalisation joue un rôle décisif dans l'effectuation d'une métathéorie au point qu'elle détermine et fixe la tâche de la métathéorie. Or, comme on le sait, la formalisation est d'une richesse inestimable dans la construction de la connaissance scientifique d'autant plus qu'elle permet à la science de déceler le réel de manière médiate. Les langages formalisés jouent ce rôle de médiation entre le théorique et le réel sur lequel porte le théorique et au moyen duquel on arrive à légitimer ce qui est contenu dans le théorique. C'est dans cette sphère que fonctionne la métathéorie dont la tâche principale « consiste à explorer les conditions de formalisation tant des théorèmes scientifiques que des propriétés syntaxiques et sémantiques de langages formalisés »[260].

On connaît le rôle de la symbolisation dans la construction des théories et des métathéories. La symbolisation est « comprise non comme évocation et manipulation d'images, mais comme construction et combinaison réglée d'un système de signes »[261]. Il semble qu'une telle parenthèse soit importante dans la mesure où elle nous offre un fil conducteur pour peut-être mieux saisir la signification de la notion de métathéorie que l'on

---

[258] R. THOM, « Formalisme et scientificité », p. 176.

[259] J.-M. AGUIRRE Oraa, « Métathéorie », p. 1626, col. 2.

[260] *Ibid.*

[261] G.-G. GRANGER, « Catégories et raison », in A. JACOB (éd.), *Encyclopédie philosophique universelle*. I., p. 529, col. 1.

retrouve dans les différentes métasciences. On devra manifestement considérer la portée de la notion de métathéorie dans sa fonction d'organisation de la structure et du contenu d'une théorie. Suivant cette perspective, une métathéorie serait une théorie de type supérieur ou plus élevé.

À partir de là on peut revenir à la dimension métathéorique des disciplines scientifiques et tenter de préciser que la métathéorie de la logique et celle des mathématiques sont jusqu'à maintenant plus développées que celles d'autres disciplines scientifiques au point qu'elles leur servent de modèles. On invoquait tantôt la tâche principale de la métascience en ce qui concerne l'exploration des conditions de formalisation des théorèmes scientifiques et des propriétés syntaxiques et sémantiques de langages formalisés. C'est dans cette même perspective qu'il importe de considérer le rôle de la formalisation en logique et en mathématiques, et de surcroît en métalogique et en métamathématique. C'est la mise en perspective de ce rôle qui nous occupera maintenant, et dont il faudra établir le sens[262].

On pourrait dire que les travaux de David Hilbert et de Kurt Gödel ont joué un rôle particulièrement décisif et déterminant dans la création et l'approfondissement de la métathéorie des mathématiques[263]. Suivant ce point de vue, on peut indiquer que la notion de métathéorie a contribué à orienter une exploration tout à fait féconde. Et la branche dans laquelle la métathéorie des mathématiques s'est développée est la métamathématique. La métathéorie offrait

---

[262] N. KALINDULA, « Le rôle de la raison dans la théorie du fondement des sciences d'après Jean Ladrière », in *Recherches scientifiques africaines. Tendances, débats et résultats.* (RSA 1), Kinshasa, Presses de l'UCC–Noraf, 2017, p. 78-114.

[263] N. KALINDULA, « Limitation et circularité d'après Jean Ladrière », in J. Leclercq (éd.), *Herméneutique de l'existence.* Actes du colloque international organisé par l'Institut supérieur de Philosophie de l'UCL du 24 au 25 novembre 2017 à l'occasion du 10e anniversaire de la mort de Jean Ladrière, Louvain-la-Neuve, Presses universitaires de Louvain, 2019, p. 291-316.

la possibilité d'un meilleur cadre de construction de l'être mathématique. Un tel cadre ne pouvait se concevoir en dehors du champ du formalisme.

Jean Ladrière n'a cessé de nous rappeler le rôle du formalisme dans la sphère idéale où l'être mathématique apparaît comme situé et dont il ne serait que la manifestation visible. Plus exactement, au-delà du fait qu'il comporte un élément dynamique, « l'être mathématique se présente à nous dans un certain état d'objectivation. Il s'exprime dans un symbolisme approprié dont le rôle apparaît comme nécessaire : la création, en mathématiques, s'accompagne obligatoirement de l'invention d'un certain symbolisme, qui n'est pas une simple transposition du langage naturel mais tend à se constituer une langue d'un type nouveau »[264]. Et cette langue est le formalisme. On comprend dès lors le caractère incontournable du symbolisme dans toute théorie mathématique, qui « s'achève en formalisme »[265].

3.5.2. Le concept de métalangage

On peut, en un second moment, considérer la notion de métalangage. Mais avant d'amorcer l'examen sur le métalangage, il importe de donner des préalables au sujet du langage. L'accent doit être davantage mis sur le langage scientifique dans la mesure où il est comme le prolongement du langage usuel quand bien même il revêt une certaine technicité. On peut d'ores et déjà rappeler la portée des médiations que le langage construit entre l'homme et la nature au niveau de la vie ordinaire, et a fortiori dans le contexte du déploiement et du développement de la pensée scientifique. Dans le cadre essentiellement de la pensée scientifique, on a réussi à créer, pour utiliser une expression de Karl Popper, un milieu exosomatique.

---

264 J. LADRIÈRE, « La philosophie des mathématiques et le problème du formalisme », p. 615.
265 *Ibid.*

Jean Ladrière note que ce milieu est une réalité matérielle dans laquelle nous déposons des significations. Cette réalité matérielle est capable d'opérer par elle-même sur ces significations. C'est ainsi qu'elle nous fournit des significations nouvelles, obtenues par transformations. Selon Jean Ladrière, en tant qu'il constitue la forme la plus ancienne du milieu exosomatique, le langage est l'exemple le plus simple qui nous permet de rendre compte de la capacité de cette réalité matérielle d'obtenir des significations nouvelles par transformation à partir des significations données. Le langage nous fournit un instrument au moyen duquel nous devenons capables de nous détacher des choses de la nature et de raisonner, « c'est-à-dire de passer d'une information donnée à une autre information, non directement accessible (soit provisoirement à titre définitif). Grâce au langage, nous avons élaboré des théories, c'est-à-dire des systèmes conceptuels grâce auxquels nous pouvons organiser de façon réglée une investigation critique de la nature »[266].

On peut dire que les théories, en tant que systèmes conceptuels qui nous permettent d'appréhender et d'élaborer une connaissance critique de la nature, sont des instruments dont le langage nous offre l'expression des régularités constitutives. Dans cette perspective, les théories scientifiques sont à tout le moins des instruments à partir desquels on arrive à construire un discours critique sur la nature. Elles nous permettent d'appréhender, de comprendre, d'interpréter et d'expliquer les éléments structurels et les phénomènes de la nature non directement accessibles. En tant que systèmes conceptuels grâce auxquels nous pouvons organiser de façon rigoureuse une investigation sur la nature, les théories trouvent leur sens dans le langage qui nous permet de révéler la structure et le fonctionnement sous-jacent de la nature, c'est-à-dire de procéder à des manipulations du phénomène.

---

[266] J. LADRIÈRE, *La science, le monde et la foi*, p. 192.

Mais on peut, à partir de ces indications quelque peu sommaires, postuler la portée du métalangage dans le processus de construction de ce que l'on a appelé ici une métathéorie. Cela peut nous conduire, à l'instar de la théorie et du langage dans lequel elle trouve le cadre propice de son expression, à examiner la notion de métalangage en tant que celle-ci est indispensable dans l'effectuation de la métascience.

Marie-Dominique Popelard indique le caractère interdisciplinaire de la notion de métalangage et note un va-et-vient du concept entre des recherches de type logique et de type linguistique. Elle mentionne le rôle joué par Gottlob Frege dans son projet de remplacer la langue naturelle, précisément dans certains de ses usages métalinguistiques pour la mathématique, par une langue formulaire. Celle-ci est conçue dans le but de révéler et d'exprimer les rapports logiques d'une discipline. Et cela s'illustre de manière éloquente dans une discipline telle que la mathématique qui, selon Frege, « ne peut se passer d'une langue qui en exprime les rapports logiques, ne serait-ce que pour dire d'un jugement qu'il en est un - et non pas une proposition assertée ou "pensée" -, d'une démonstration qu'elle est valide en nous faisant passer déductivement d'énoncés à d'autres »[267].

Marie-Dominique Popelard fait curieusement observer que c'est en langue naturelle que ces rapports logiques sont habituellement décrits. Elle note que Frege propose pour son compte de construire une langue formulaire de la pensée pure, une idéographie dont l'objectif est de remplir certaines fonctions de la métalangue au sujet de la conduite de la pensée. Cette conception de Frege a deux conséquences : la métalangue, à l'origine, est une langue différente de celle dont elle parle ; il est possible de substituer

---

267 M.-D. POPELARD, « Métalangage », in S. AUROUX (éd.), *Encyclopédie philosophique universelle.* II., p. 1609, col. 2.

une métalangue à une autre. Cela fait que le métalangage « est bien un langage au deuxième degré »[268].

C'est dans cet effort que le concept ou la notion de métalangage va trouver un rôle à la fois décisif et indicateur. Le métalangage constitue une mise en lumière pénétrante du langage que la science construit, en tout cas dans l'ensemble de son effectuation, avec une rigueur dont les termes indiquent le chemin que l'esprit suit dans le souci d'élaborer un discours tout à fait critique. Comme on pourrait le deviner, le métalangage est ce langage qui essaie de rendre compte du caractère qui fonde le langage scientifique. En un sens, on pourrait dire qu'il constitue cette instance à partir de laquelle il est désormais possible d'envisager l'instauration de la dimension rigoureuse du langage de la science. C'est donc une mise en œuvre de la dimension rationnelle qui fonde le langage de la science en tant que ce langage est formel. En ce langage transparaît une certaine radicalité qui permet à la science de prendre conscience d'elle-même, de ses fondements et de ses limites. Or, comme on le sait, cette prise de conscience est totalement œuvre de la raison.

Le métalangage prend pratiquement appui sur l'usage théorique de la raison et tente d'instaurer une mise en lumière très rigoureuse de la démarche scientifique. À l'instar de la démarche scientifique elle-même, le métalangage s'efforce de fournir le caractère hautement secondaire des théories que la science élabore dans son effort de construction des connaissances validement acceptables, vérifiables, contrôlables, systématiques, fécondes et généralisables. Cela induit l'idée selon laquelle le métalangage permet d'amorcer une réflexion du second degré dans la mise en perspective des propriétés du langage scientifique. Le souci de déceler les propriétés du langage scientifique en se rapportant à son contenu a conduit Rudolf Carnap à postuler le premier énoncé de la possibilité de la métalangue, énoncé qui contient « l'affirmation générale

---

[268] M.-D. POPELARD, « Métalangage », p. 1610, col. 1.

qu'on peut construire un métalangage sur n'importe quel langage bien formé »[269].

Mais on doit tout de suite indiquer que cette manière de procéder rend effectivement compte de l'usage théorique de la raison, usage dans lequel cette dernière prend progressivement conscience d'elle-même et de sa propre dynamique. C'est ainsi que la raison se découvre « portée par une dynamique qui ouvre sur un horizon d'où lui viennent les principes de son orientation. En son usage théorique la raison vise l'instauration de la vérité »[270] et cette visée devient effective au moyen de la formalisation. Au travers de la formalisation, le métalangage permet de définir la vérité d'une proposition dans le langage. C'est un apport considérable que nous fournit Alfred Tarski dans son théorème qui énonce « qu'on peut définir la vérité d'une proposition dans le langage où elle est exprimée, cependant que cette définition redevient légitime dans un métalangage assez riche contenant le langage-objet »[271]. Il y a dans cet effort une exigence de secondarité dans la mesure où la secondarité fournit des éléments d'élucidation éclairante du sens de ce qui se donne dans un langage ainsi élaboré.

3.5.2.1. L'interdisciplinarité de la notion de métalangage

Nous avons indiqué le caractère interdisciplinaire de la notion de métalangage. C'est suivant cet angle que nous voulons examiner la portée de cette notion dans une discipline comme la linguistique qui appartient au groupe de sciences humaines et dont la démarche reste dominée par une double orientation : la mathématisation d'un côté (une mathématisation à faible échelle) et l'herméneutique de l'autre (entendue au sens de la compréhension et de l'interprétation).

---

[269] M.-D. POPELARD, « Métalangage », p. 1610, col. 2.

[270] J. LADRIÈRE, « Comment et pourquoi, personnellement, je crois », in *Revue philosophique de Louvain* 106, n° 2 (mai 2008), p. 255.

[271] M.-D. POPELARD, « Métalangage », p. 1610, col. 2.

Pour bien exposer la notion de métalangage dans son acception en linguistique, nous allons nous appuyer sur les analyses que Jean Rey-Debove nous propose. Il nous faut, suivant cette perspective, indiquer dès l'abord que la sémiotique est une branche au moyen de laquelle la notion de métalangage a été introduite dans les sciences du langage. Deux noms parmi les linguistes sémioticiens méritent d'être retenus et invoqués ici : Louis Hjelmslev, du Cercle de Copenhague, et Roman Jakobson, du Cercle de Prague. Ces deux linguistes ont appliqué à la linguistique la notion de métalangage mais tout en lui accordant « un caractère spécifique tout à fait différent de la tradition logico-mathématique »[272]. Et cela pour deux motifs.

En premier lieu, dans la mesure où le linguiste ne s'intéresse pas aux valeurs de vérité des phrases (ce qui intéresse le logicien et relève spécifiquement de son domaine), mais à leur acceptabilité, « le métalangage devenait, non plus une langue de vérification, mais de description, qui n'était autre que le discours du linguiste sur la langue naturelle, même si le métalangage était formalisé (par ex. dans la grammaire générative »[273]. Le psychanalyste Lacan a effectué la même démarche et est allé même jusqu'à réfuter la notion de métalangage suivant la perspective ouverte par Alfred Tarski.

En second lieu, au sujet du métalangage naturel, on a vite constaté le caractère d'une manifestation marginale du métalangage que comporte le discours scientifique du linguiste dans le corpus langagier. Selon Jean Rey-Debove, on s'est également aperçu que tous les usagers d'une langue, « qui en sont massivement les constructeurs, font un usage quotidien du métalangage intimement mêlé au langage primaire dans le discours »[274]. Cela a eu pour conséquence le fait que « l'intérêt du linguiste est passé de la construction scientifique du métasystème langagier (cohérence des

[272] J. REY-DEBOVE, « Métalangage », in S. AUROUX (éd.), *Encyclopédie philosophique universelle.* II., p. 1611, col. 1.
[273] *Ibid.*
[274] *Ibid.*

théories, des terminologies, comme chez A. J. Greimas[275]) au discours naturel sur le langage comme partie intégrante du corpus à décrire (comportement des autonymes et des verbes de paroles) »[276]. Jakobson et Harris vont particulièrement s'illustrer dans ce domaine en intégrant la fonction métalinguistique parmi les six fonctions du langage naturel (Jakobson) et la métalangue dans la langue (Harris).

Il se dégage de ces considérations que la notion de métalangage en linguistique ne nous offre pas un caractère hautement rigoureux dont elle est munie dans le cadre des sciences pures et des sciences de la nature. Elle ne comporte pas réellement une dimension essentiellement réflexive qui caractérise la construction et le développement du langage des métadisciplines. Elle met plus l'accent sur la connotation autonymique et considère que l'ensemble des phrases orales ou écrites qui parlent du langage est le métalangage naturel[277]. Et ce qui caractérise les phases orales ou écrites, c'est la composante lexicale qui est constituée des mots métalinguistiques (Métalexique) et des noms autonymes homomorphes de tous les autres. Ces noms autonymes homomorphes « seuls prennent en charge la spécificité du métalangage par leurs règles d'emploi morphologique, syntaxique et prosodique, variables selon les langues, mais toujours différentes de celles des autres mots (v. Autonyme) »[278].

La construction du langage des métadisciplines occupe une place de choix dans la théorie du fondement des sciences. Cela signifie que les métasciences, au moyen de leur langage, tentent de donner aux sciences leur cohérence et leur consistance. Dans l'analyse critique qu'elles proposent et effectuent sur les sciences, les métasciences se préoccupent de déceler les structures et les contenus de ces dernières dans le but d'assurer leur efficacité. C'est sous cet

275 A.-J. GREIMAS, *Sémantique structurale. Recherche de méthode*, Paris, Librairie Larousse, 1966.
276 J. REY-DEBOVE, « Métalangage », p. 1611, col. 1.
277 *Ibid.*, col. 2.
278 *Ibid.*

angle qu'un rapport étroit peut être établi entre les méta-sciences et la théorie du fondement des sciences.

CHAPITRE IV

FORMALISMES ET FONDEMENT

Dans la théorie du fondement des mathématiques, le formalisme a joué un rôle indispensable. Il propose un cadre magnifique en lequel un objet mathématique (notamment un théorème, un axiome) s'exprime et prend corps. La méthode de formalisation matérialise une théorie mathématique déterminée « sous une forme tangible accessible au regard »[279].

C'est grâce au formalisme que se construit un système formel qui, selon toute vraisemblance, est « un instrument d'expression d'une forme particulière : il permet de former des expressions et de les enchaîner selon des règles précises. Il constitue une langue d'un type spécial, une langue formalisée »[280]. C'est à dégager la portée du formalisme dans la théorie du fondement que se consacre ce chapitre.

4.1. Fondement et réflexivité

Le but d'une science consiste à construire une connaissance[281] rigoureuse, qui repose sur des principes et qui soit capable de posséder une dimension effectivement universelle. La construction de cette connaissance s'effectue généralement dans un moment réflexif. Celui-ci est un moment de fondation.

Ce qui est à la base de ce moment de fondation, c'est le caractère critique que la création d'une science exige dans la mesure où elle est appelée à surmonter les difficultés profondes qu'elle rencontre. C'est pour faire face à ces

---

[279] J. LADRIÈRE, *Les limitations internes des formalismes*, p. VIII.

[280] *Ibid.*, p. 51.

[281] Pierre Gendron va dans le même sens et pense que la « science est une activité qui a pour but l'acquisition de connaissances ». P. GENDRON, « La théologie comme science et la vocation de savant d'après Max Weber », in *Laval théologique et philosophique* 49, n° 2 (juin 1993), p. 215.

difficultés que la science doit critiquer non seulement les méthodes au moyen desquelles elle élabore sa connaissance ou la portée des résultats auxquels cette connaissance conduit, mais aussi les objectifs premiers qu'elle s'assigne et qu'elle prétend poursuivre.

On doit aussitôt faire remarquer que le caractère critique du discours que la science a été amenée à développer, requiert, reflète et révèle en quelque sorte une dimension de réflexivité. Il y a là la visée d'une étude des présuppositions. C'est donc à travers cette étude que la science est devenue capable de se poser des problèmes de fondement, mieux, de s'interroger sur ses propres fondements. Une telle interrogation suppose la mise en œuvre d'un effort d'approfondissement continuel. Cet effort consiste à la fois à mettre en évidence des idées inspiratrices et des critères de construction qui opèrent dans la recherche et à les soumettre à un examen clarificateur et à des épreuves de validité[282].

4.2. Le travail de critique et son impact

La dimension critique est d'une portée décisive dans l'étude des présuppositions. Jean Ladrière l'a noté, cette étude fait l'objet des recherches sur les fondements. « Ces recherches mettent en œuvre des méthodes de caractère scientifique, telles que l'axiomatisation, la construction de modèles, etc. Elles relèvent dès lors elles-mêmes des présuppositions qu'elles ont pour fonction de mettre au jour »[283]. Ces présuppositions sont au centre de la question de la possibilité de la connaissance scientifique. Cette question appelle un horizon d'élucidation, de discernement, d'approfondissement. Or, il faut le reconnaître, un tel horizon n'est envisageable que dans le cadre de l'épistémologie.

---

282 En ce qui concerne plus particulièrement les mathématiques, on peut lire E. GALOIS, *Écrits et Mémoires mathématiques*, Paris, Gauthier Villars, 1962.

283 J. LADRIÈRE, « Sciences et discours rationnel », p. 552, col. 1.

C'est dans ce flux que peut s'éclairer un mouvement qui se porte au-delà du contenu des sciences. Cela suggère l'exploration d'un horizon à partir duquel on est appelé à dépasser ce qui est constitué, en vue de définir et de déterminer les régularités profondes qui marquent la constitution des sciences. Il s'agit d'aller en profondeur, de creuser davantage pour déchiffrer les couches et les nappes sur lesquelles reposent les structures fondamentales des concepts et des théories scientifiques. Un tel travail semble renvoyer à une instance supérieure, chargée d'assurer la cohérence à l'édifice scientifique lui-même et de faire apparaître ses couches successives et profondes. Cette instance est essentiellement de caractère métascientifique[284].

Cela justifie la constitution des métasciences et des métathéories au moyen desquelles les métasciences parviennent à atteindre leur objet. Ces métasciences permettent de rendre compte des considérations sur les approfondissements théoriques de la science. Elles ont un rapport étroit avec les fondements des sciences. On pourrait même dire que leur projet initial s'inscrit dans la problématique des fondements des sciences. Elles apparaissent comme ces instances dont le but est de dégager la structure sous-jacente des sciences et d'élucider leurs articulations. Elles essaient d'éclairer le mouvement des sciences et de rapporter ce mouvement à une zone plus profonde de la compréhension. Il y a là une possibilité de la reprise du projet scientifique dans une compréhension plus profonde que semblent nous présenter les métasciences. Mais cette possibilité suppose l'explicitation des structures sous-jacentes aux contenus de différentes sciences qui sont autant de modes de thématisation de l'expérience. Or un tel travail renvoie au problème de fondement lui-même qui est de nature philosophique[285].

---

[284] La métascience semble offrir un cadre d'approfondissement à partir duquel on en vient à poser la question sur les recherches fondationnelles.
[285] J. LADRIÈRE, « Les limitations des formalismes et leur signification philosophique », in *Dialectica*, vol. 14, n° 4 (1960), p. 279-320.

Mais on doit aussitôt remarquer la pertinence pour une science de trouver une justification interne. Yvon Gauthier attire notre attention à ce sujet lorsqu'il écrit :

> L'entreprise fondationnelle demeure philosophique dans la mesure où elle fait appel à un vaste domaine de la connaissance ou une immense région de l'expérience et, en dernière analyse, de la totalité de la théorie et de la pratique. Mais dans tous les cas particuliers d'une théorie logique, mathématique ou scientifique, on doit pouvoir trouver une justification interne[286].

Une telle justification interne semble être fournie par une métascience. Mais est-il réellement légitime de postuler une liaison entre les métasciences et les fondements des sciences ? À quel niveau de réflexion un tel postulat peut-il nous conduire ? C'est à ce niveau que se situe l'intérêt d'une réflexion sur les fondements des sciences. Mais on doit aussitôt noter que cet intérêt reste manifeste dans l'effectuation de quelques disciplines scientifiques où le problème de fondement a été développé avec rigueur et efficacité.

Pour éclairer ce problème, on se bornera ici au cas de la métamathématique. L'examen de ce cas s'avère de portée à tout le moins significative dans la mesure où la métamathématique fournit un exemple essentiellement riche en matière de recherches sur les fondements[287]. Ici, la science mathématique fait état d'une dimension réflexive au moyen de laquelle il devient possible de rendre compte de la reprise que la science « effectue elle-même sur ses propres traces »[288]. Cette reprise trouve sa portée fondamentale dans l'effort qui consiste à se doter d'un niveau réflexif à partir duquel la science elle-même se met en question jusqu'à un certain point. Cette remise en question est due à des crises au sein de la science. L'histoire

---

[286] Y. GAUTHIER, *De la logique interne*, p. 10-11.

[287] J. LADRIÈRE, « La philosophie ouverte et les mathématiques», in *Revue internationale de philosophie*, fascicule 54, n°93-94 (1970), p. 450-476.

[288] J. LADRIÈRE, « La philosophie des mathématiques et le problème du formalisme », p. 616.

des mathématiques fait particulièrement état des crises que ces sciences ont connues.

4.3. Fondements des mathématiques et tentatives de trois écoles

Les différentes crises qui ont marqué le développement des mathématiques, surtout aux XIXe et XXe siècles, ont obligé les mathématiciens à chercher des solutions efficaces. On a cru trouver ces solutions dans les recherches sur les fondements. Plusieurs voies ont été empruntées à cet effet. Mais trois voies essentiellement différentes ont été envisagées dans le but de proposer des théories sur lesquelles l'édifice mathématique devait reposer : il s'agit de l'école logiciste, de l'école intuitionniste et de l'école formaliste. Ces théories nécessitaient la mise en œuvre d'une réflexion fondamentale.

Cette réflexion devait reposer elle-même sur le travail de critique. Or, comme l'a bien indiqué Jean Ladrière, « le travail de critique s'approfondit nécessairement en travail de fondement »[289]. Il développe une certaine mise en question en laquelle les mathématiques se sont effectivement illustrées. À ce sujet, Jean Ladrière note : « Nulle part, cependant, cette mise en question n'a été poussée aussi loin que dans le cas des mathématiques. Ici, les opérations critiques ont dépassé le stade des premières approximations et se sont constituées en une technique autonome dont la rigueur ne le cède en rien à celle des branches les mieux établies des mathématiques classiques »[290]. C'est la métamathématique, pour employer une appellation de David Hilbert, qui a développé ces opérations critiques.

Ces indications nous obligent à revenir sur les positions des écoles logicistes, intuitionnistes et formalistes à propos

---

[289] J. LADRIÈRE, « La philosophie des mathématiques et le problème du formalisme », p. 616.
[290] *Ibid.*, p. 617.

des crises des mathématiques qui ont conduit aux recherches fécondes sur les fondements.

4.3.1. L'école logiciste

L'école logiciste est représentée par des noms comme ceux de Frege, Peano, Russell, Whitehead. Comme l'indique Jean Ladrière, Russell et Whitehead, dans une œuvre monumentale, les *Principia mathematica,* en reprenant les travaux de Frege et de Peano en vue d'une formalisation de la logique, ont développé une sorte de panlogisme et ont réalisé une absorption des mathématiques dans la logique. Ils ont estimé que toutes les notions mathématiques sont de nature logique. Cette réduction des notions mathématiques à la logique les a conduits à mettre en place un programme qui devait montrer comment ces notions peuvent s'engendrer à partir de certaines notions simples, effectuant ainsi un passage des opérations logiques les plus élémentaires aux concepts les plus compliqués et les plus abstraits de la théorie des ensembles.

L'effort qu'ils ont constamment fourni est celui de formalisation de la logique à un très haut degré. Ils ont réalisé un examen minutieux des démarches logiques de la pensée mathématique et des lois du raisonnement déductif. Leur contribution décisive au progrès des mathématiques se résume en ceci qu'ils ont réussi à pousser assez loin l'idée « d'un calcul logique pour lui permettre d'embrasser toutes les démarches de la pensée mathématique »[291].

4.3.2. Les écoles intuitionniste et formaliste

Les écoles intuitionniste et formaliste vont développer des lignes de recherche sur la question du fondement, qui sont pratiquement à l'opposé de la théorie logiciste. Comme l'affirme Jean Ladrière, ces deux écoles ont établi une distinction irréductible entre le plan logique et le plan mathématique proprement dit.

---

[291] J. LADRIÈRE, « Rationnel et irrationnel en mathématiques », in *Revue philosophique de Louvain* 48 (1950), p. 54.

En fait, l'école intuitionniste, fondée par le mathématicien hollandais Brouwer, se rattache aux travaux de l'école française du début du XXe siècle tout en poussant certaines exigences, formulées par Henri Poincaré, « à un degré de systématisation à partir duquel une refonte totale des mathématiques devenait, non seulement possible, mais même nécessaire »[292]. Ce qui est remarquable ici, c'est le postulat selon lequel toutes les démonstrations mathématiques doivent être de type constructif. Cela sous-tend que « le caractère de l'existence mathématique ne peut pas être simplement la non-contradiction, il doit résider dans la possibilité d'une construction effective »[293]. C'est la constructivité des mathématiques qui est pratiquement en l'honneur. On pourrait même dire que l'école intuitionniste inaugure le règne du constructionnisme en mathématiques.

L'effort de traduction de cette exigence de façon rigoureuse sur le plan logique a amené les intuitionnistes à construire une logique qui écarte le tiers exclu. L'usage d'une telle logique a conduit les intuitionnistes à pouvoir « reconstituer des branches entières de la mathématique, et en particulier, une théorie des ensembles ; mais leurs théories, reposant sur des procédés de déduction affaiblis, sont moins étendues que les théories classiques et certaines parties des mathématiques classiques sont totalement rejetées »[294].

Pour Jean Ladrière, le souci principal de cette tentative est de fournir un contrôle effectif de chaque démarche de la pensée mathématique, en la soumettant au critère constructionniste et en permettant un engendrement progressif des êtres mathématiques. Chacun de ces êtres « doit être effectivement déterminé et, devenant accessible à la manipulation du calcul, offrir une prise à l'intuition »[295]. Les conclusions auxquelles conduisent les travaux des intuitionnistes font des mathématiques une libre construction et

---

292 J. LADRIÈRE, « Rationnel et irrationnel en mathématiques », p. 54.
293 *Ibid.*
294 *Ibid.*, p. 54-55.
295 *Ibid.*, p. 55.

permettent de considérer que « c'est leur développement même qui constitue à chaque instant leur contenu : l'intuition dont il s'agit est celle d'une opération où se reflète une activité *sui generis* de l'esprit »[296]. De telles idées n'arrivent pas à satisfaire la plupart des mathématiciens. D'où l'intervention de l'école hilbertienne.

4.3.3. David Hilbert et la théorie de la démonstration

Dans le souci d'éclairer davantage l'activité mathématique, une troisième école est née. Cette tentative a émergé et a eu pour point de départ les recherches sur l'axiomatique et dont l'ambition consistait à « fonder rigoureusement l'ensemble des mathématiques classiques, tout en assurant contre toute surprise la pensée mathématique »[297]. Cette école est celle de David Hilbert, qui va fonder la théorie de la démonstration et rencontrer le second moment dans la crise du fondement.

Jean Ladrière note que l'idée fondamentale de David Hilbert a été « de distinguer le plan mathématique, où s'effectue la construction mathématique proprement dite, et le plan méta-mathématique, où s'effectue – bien que par des procédés tout aussi formels–l'examen des démarches de la mathématique »[298].

Le plan mathématique se caractérise par la constitution des théories axiomatisées, alors qu'au plan méta-mathématique s'opèrent la critique des axiomes et l'étude des critères imposés à tout système d'axiomes. Jean Ladrière note que la seule exigence que l'on pose, le seul critère de l'existence que l'on demande, au plan mathématique, « c'est la non-contradiction : étant donné un système axiomatisé, ce système sera valable et pourra être considéré comme entièrement fondé, s'il est reconnu qu'il ne peut en aucun cas mener à une contradiction »[299]. On voit

[296] J. LADRIÈRE, « Rationnel et irrationnel en mathématiques », p. 55.
[297] *Ibid.*
[298] *Ibid.*, p. 55-56.
[299] *Ibid.*, p. 56.

que la construction mathématique proprement dite repose sur la non-contradiction. En d'autres termes, la non-contraction occupe une place décisive dans la construction proprement mathématique. Et cette construction ne s'effectue qu'au moyen d'un jeu réglé de symboles qui trouvent leur signification dans les relations qui sont énoncées aux axiomes. On pourrait dire que les recherches sur l'axiomatique inaugurent le règne du signe. Ce règne trouve son expression la plus élaborée dans les systèmes formels.

4.4. La science des formalismes

La métamathématique joue un rôle central dans la théorie de non-contradiction dans la mesure où la tâche de fournir la non-contradiction est au centre de son activité. Mais, selon Jean Ladrière, il ne peut plus s'agir ici d'un système simplement non-contradictoire : sinon cela exigerait de remonter à un méta-système, ce qui ne serait qu'un manque à gagner. On est conduit à admettre sans partage le point de vue de la non-contradiction pour le plan mathématique, mais une telle admission ne peut avoir lieu qu'à la condition de justifier le point de vue de la non-contradiction pour le plan mathématique, et cela, au moyen des procédés plus restrictifs.

À partir de là surgit une interrogation : de quelle nature doit se réclamer une théorie susceptible de fonder véritablement l'édifice mathématique ? Cette question renvoie à la mise en œuvre des exigences d'un contrôle rigoureux dans la construction de l'édifice mathématique : « La théorie qui doit servir de fondement à la déduction mathématique elle-même et en assurer l'entière consistance doit être elle-même parfaitement assurée dans ses démarches et répondre aux exigences d'un contrôle rigoureux »[300]. On a cru trouver ces exigences dans la métamathématique.

[300] J. LADRIÈRE, « Rationnel et irrationnel en mathématiques », p. 56.

Des tentatives ont été amorcées pour construire une théorie solide de la non-contradiction. On a essayé d'établir un système d'axiomes pour l'arithmétique ordinaire et son examen. Ainsi on a tenté d'appliquer dans le cas de l'arithmétique une méthode de l'établissement de la non-contradiction utilisée par David Hilbert dans le cadre de la géométrie. Cette méthode consistait à « établir un modèle du système d'axiomes dont on puisse vérifier intuitivement la validité. Il s'agissait donc de faire correspondre aux symboles figurant aux axiomes, des entités appartenant à un certain domaine et telles qu'existât entre elles un ensemble de rapports correspondant à ceux énoncés par les axiomes entre les symboles correspondants »[301]. Mais une telle entreprise s'est soldée par un échec dans la mesure où on s'est vite aperçu que ce qui avait réussi en géométrie ne pouvait plus être d'aucun secours en arithmétique. En conséquence, les tâches révolues à la métamathématique aboutissent à une difficulté réelle dans la mesure où la démarche de l'arithmétique comporte une particularité dans la construction des objets, des théorèmes et des axiomes. L'ambition de la métamathématique de constituer les opérations critiques ne semble pas porter des résultats satisfaisants.

C'est pourquoi Jean Ladrière préfère parler de la science des formalismes et estime que l'appellation hilbertienne est beaucoup trop restrictive. Et cela pour deux motifs. En un premier moment, il note que cette appellation a un caractère restrictif dans la mesure où on s'aperçoit, de plus en plus, que la science des formalismes tend à déborder le cas des mathématiques et à s'étendre à tout le domaine de la science. On pourrait même dire que la science des formalismes, en mettant en place une technique autonome qui rend compte d'un caractère rigoureux et abstrait de la connaissance qu'elle construit au moyen d'une expression symbolique, a réussi à pénétrer tous les secteurs de la science. À partir de cette extension, la science des

[301] J. LADRIÈRE, « Rationnel et irrationnel en mathématiques », p. 57.

formalismes a absorbé le rôle classique de la logique comme canon général de la raison, allant même jusqu'à prendre un contenu que la logique classique n'avait pas. Et cela, d'autant plus qu'« elle ne fournit pas seulement les procédés de raisonnement admissibles et les cadres des édifices possibles, mais elle fournit aussi les notions de base sur lesquels [sic] ces édifices sont construits. Elle devient ainsi une sorte d'ontologie formelle »[302].

En un second moment, la science des formalismes a tendance à s'identifier à la mathématique elle-même. « Celle-ci prend ainsi un sens nouveau : elle n'est plus la science du nombre, ni de l'étendue, ni des multiplicités abstraites, ni des opérations les plus générales – elle devient la science des systèmes formels »[303]. Et les systèmes formels, on le voit, rendent compte des régularités générales des opérations de la raison. C'est pourquoi ils jouent un rôle décisif dans la construction des connaissances scientifiques en ce sens qu'aucun domaine ou aucun secteur de connaissance scientifique ne peut s'en passer, du moins à l'état actuel de la construction de l'édifice scientifique tout entier.

Dans la construction de l'édifice mathématique, la science des formalismes joue un rôle indispensable au point qu'elle en vient à supprimer la frontière entre mathématique et métamathématique. C'est suivant ce point de vue que Jean Ladrière précise la place qu'occupe la science des formalismes, en tant que discipline nouvelle qui s'est constituée pour mettre en exergue le niveau réflexif des mathématiques.

4.4.1. Suppression de la frontière entre mathématique et métamathématique

La particularité des vues que développe Jean Ladrière consiste en ceci qu'il indique un sens tout à fait nouveau que

---

[302] J. LADRIÈRE, « La philosophie des mathématiques et le problème du formalisme », p. 617.
[303] *Ibid.*

l'on peut dégager de la science des formalismes par rapport au problème des fondements des mathématiques, problème dont la position semblait se situer au niveau de la métamathématique conçue comme une discipline chargée de contrôler l'activité mathématique. Jean Ladrière apporte une contribution indéniable lorsqu'il met en exergue la suppression que la science des formalismes effectue entre la métamathématique et l'activité mathématique proprement dite. En mettant un accent particulier sur la science des formalismes, il postule ainsi que « la discipline qui était chargée de contrôler l'activité mathématique absorbe progressivement celle-ci, la frontière entre mathématique et méta-mathématique disparaît, l'opération de fondement s'achève dans une réunification qui supprime l'opposition du fondant et du fondé »[304]. Le fondant étant la métamathématique, et le fondé l'activité mathématique elle-même. Cette opposition garde un sens uniquement historique et concerne seulement un certain stade du développement.

Il note que le progrès de la science modifie le sens de cette opposition. Selon lui, le résultat de la crise des fondements « c'est de faire passer l'édifice scientifique tout entier à un stade supérieur d'organisation, où la dimension réflexive est en quelque sorte rendue homogène aux acquisitions objectives. Il y a donc comme une thématisation du projet qui s'accomplit à l'intérieur du projet lui-même »[305]. C'est cet effort de thématisation du projet qui donne une impulsion tout à fait nouvelle à l'édifice scientifique dans la mesure où il dote cet édifice d'un niveau supérieur d'organisation. Ici, le projet de thématisation n'est plus dissocié de ses propres productions, comme ce fut le cas dans les premières étapes.

La thématisation du projet est en quelque sorte une reprise du projet lui-même, une accentuation du moment

---

304 J. LADRIÈRE, « La philosophie des mathématiques et le problème du formalisme », p. 617.

305 *Ibid.*

réflexif. Or, une telle accentuation ne peut se réaliser qu'au moyen d'une critique tout à fait rigoureuse, capable de conférer à l'existence mathématique un contenu plus précis qu'elle n'avait dans les premières étapes. Cela exigeait en quelque mesure l'objectivation du projet, « car c'est seulement dans la donnée d'un procédé concret et effectif de vérification qu'un critère peut trouver un contenu et donc une portée réelle. Le procédé le plus naturel consistait évidemment à superposer cette objectivité des critères à celle des démonstrations effectives »[306]. C'est une étape transitoire. Cette étape est qualifiée de transitoire parce qu'une fois objectivé, le projet, comme l'indique Jean Ladrière, devait se réemparer des démonstrations et les faire selon un style nouveau.

Cela allait conduire à dépasser le stade du déroulement parallèle de deux disciplines et de l'effectuation des vérifications de l'une au moyen de l'autre, c'est-à-dire de la mathématique au moyen de la métamathématique. Ce dépassement exigeait d'aller plus loin et de « remettre directement les démonstrations sous le contrôle des critères nouvellement dégagés. C'est précisément par le moyen du formalisme que cette transformation a pu être amorcée. Apparemment, l'usage d'une méthode formalisée ne fait qu'introduire une précision plus grande dans les démarches. Mais en réalité il correspond à un approfondissement radical »[307]. Plus exactement, cet approfondissement met en place un mécanisme de preuve parfaitement contrôlable dans lequel les intuitions qui commandaient les développements antérieurs se trouvent critiquées et transcrites. En un sens, le mécanisme ainsi mis en place « permet d'éliminer de plus en plus les aspects contingents de la démonstration pour donner à celle-ci l'allure d'un processus rigoureusement canonique »[308]. Le formalisme apporte quelque chose de particulièrement nouveau dans la

[306] J. LADRIÈRE, « La philosophie des mathématiques et le problème du formalisme », p. 618.
[307] *Ibid.*, p. 619.
[308] *Ibid.*

théorie du fondement et met l'accent sur la rigueur dans la construction et dans la démonstration de l'activité mathématique.

Cela a fait que les procédés sont devenus beaucoup plus puissants qu'avant et permettent ainsi d'atteindre d'emblée toute une catégorie de résultats. Il y a instauration d'une substitution progressive du calcul portant encore sur des entités objectives à celui qui porte directement sur les opérations et qui « donne ainsi la clé des enchaînements les plus fondamentaux en permettant d'étudier les propriétés des entités dans leur genèse »[309]. On peut, de ce point de vue, dire que l'apport du formalisme est considérable dans la mesure où il élimine la superposition des deux sciences et introduit, au niveau du calcul, la substitution des opérations aux entités objectives. Le formalisme inaugure le règne d'une science unique dont l'objet demeure la construction et la démonstration de l'être mathématique lui-même.

Le formalisme permet la reprise de l'intention créatrice à deux degrés : l'explicitation et l'intégration des critères de la démonstration à un édifice symbolique d'une part, « et d'autre part, à l'intérieur de cet édifice, la thématisation porte sur les actes mêmes de la construction et de la démonstration mathématiques »[310]. Il y a là une véritable objectivation. Jean Ladrière considère qu'une telle objectivation du projet entraîne sa transformation et sa réduction au point qu'« il devient projet de formalisation intégrale »[311]. Dans ce projet, « une dualité pourrait continuer à subsister entre le formalisme lui-même et l'intention génératrice qui le porte. Mais cette dualité elle-même tend à s'abolir : le formalisme vise à absorber non seulement les critères d'existence ou de démonstration mais son idée même, il s'efforce de récupérer le champ intégral de la réflexivité »[312]. En d'autres termes, dans le formalisme

---

309 J. LADRIÈRE, « La philosophie des mathématiques et le problème du formalisme », p. 619.

310 *Ibid.*

311 *Ibid.*

312 *Ibid.*

le champ intégral de la réflexivité est mis en relief et joue un rôle essentiellement décisif dans la construction et dans la démonstration mathématiques.

Mais on doit aussitôt souligner que cela reste un idéal. On pourrait même dire qu'un tel idéal est difficile à atteindre dans la mesure où l'entreprise de la formalisation intégrale a ses propres limites. C'est pour mettre en exergue ces limites de la formalisation intégrale que Jean Ladrière parle du moment culminant. Les mots dans lesquels il exprime ces limites indiquent en même temps l'accomplissement de la reconnaissance du projet initial qui se récupère à un certain point : « La réflexivité atteint ainsi son point culminant dans le moment où elle découvre ses propres bornes. Dans le formalisme, le projet se récupère mais il indique jusqu'à quel point ; et le point extrême de cette récupération, c'est précisément celui où s'accomplit cette reconnaissance »[313].

Un autre accent porte sur la méthode déductive. Celle-ci se fonde essentiellement sur la démonstration. Le rôle que la théorie de la démonstration de Gerhard Gentzen joue dans le cadre de la métalogique et de la métamathématique est fort significatif. L'outil principal de cette théorie « est la normalisation des dérivations (ou élimination des coupures) »[314]. Ce qui est remarquable ici, c'est le fait que Gentzen arrive à « prouver pour une grande variété de théories formulées dans le cadre de la déduction naturelle intuitionniste que les dérivations peuvent être effectivement transformées en dérivations sans détours »[315]. C'est ainsi que ces dérivations sont dites normales.

Cela signifie qu'à partir des formes possibles de démonstration, il y a lieu de déduire certaines propriétés. On peut illustrer cela au moyen d'un exemple simple en utilisant une propriété de disjonction : en considérant G

---

313 J. LADRIÈRE, « La philosophie des mathématiques et le problème du formalisme », p. 621.

314 D. VAN DALEN, « Métamathématique », in S. AUROUX (éd.), *Encyclopédie philosophique universelle*. II., p. 1612, col. 1.

315 *Ibid.*

comme une dérivation normale de A à partir de Γ, on peut retenir que D comprend seulement des sous-formules de A et des sous-formules de Γ. De là on peut aboutir à des résultats que voici : « a) d'une dérivation normale, en logique intuitionniste, de (A∨B) on peut (effectivement) tirer une dérivation normale de A ou de B (propriété de disjonction) ; b) le théorème d'interpolation »[316].

Dans une étude portant essentiellement sur le théorème fondamental de Gerhard Gentzen, Jean Ladrière rend compte de cet état de choses et nous révèle que ce théorème permet de rendre toute démonstration entièrement constructive en ne faisant qu'introduire, à chaque étape, des éléments nouveaux, sans jamais rien supprimer. Cette façon de procéder élimine les détours de la syllogistique traditionnelle, dans laquelle tous les moyens termes sont susceptibles de servir de points d'appui momentanés à la démonstration.

Ce que l'on peut retenir de l'examen que Jean Ladrière effectue de ce théorème, c'est que ce théorème « confère un sens nouveau à la démonstration : celle-ci ne consiste plus à comparer certains termes de façon à dégager certaines liaisons, ni à passer d'un certain ensemble de formules à une formule nouvelle au moyen de certaines règles de transformation, mais elle consiste à construire progressivement la formule à démontrer, élément par élément »[317]. Le sens pratiquement nouveau que la démonstration acquiert repose sur le fait qu'elle ne procède plus du plus connu au moins connu, comme dans les logiques classiques, par propagation de l'évidence, comme dans une axiomatique à contenu intuitif, mais du plus simple au plus complexe. « Elle n'est plus passage, cheminement, liaison réglée, mais procédé de construction, loi de formation. Par là elle s'écarte tout à fait du raisonnement spontané, qui procède par sauts, par détours, oscillations, comparaisons.

---

316 D. VAN DALEN, « Métamathématique », p. 1612, col. 1.

317 J. LADRIÈRE, « Le théorème fondamental de Gentzen », in *Revue philosophique de Louvain* 49 (1951), p. 378.

Mais elle se prête admirablement à l'analyse, comme on l'a vu par la simplification qu'elle apporte aux problèmes de méta-logique »[318].

Un autre élément intéressant que Jean Ladrière souligne dans le théorème de Gentzen, c'est l'introduction d'un certain aspect assez nouveau de la nécessité dans la démonstration. Cette nécessité n'est autre que celle du passage : en posant tel ou tel énoncé, on doit nécessairement en tirer tel autre. Par là Jean Ladrière note que cette nécessité « concerne non pas le lien démonstratif, mais la structure même de la démonstration »[319]. Et cela fait qu'il est possible pour toute démonstration mathématique de recevoir une sorte de forme canonique. Ainsi on élimine toutes les démonstrations par artifices pour les remplacer par des démonstrations constructives.

4.4.2. Invention et formalisation

Jean Ladrière soutient que, en permettant de faire correspondre à toute proposition une démonstration où chaque étape est nécessaire, la formule canonique évoquée tantôt « introduit dans le formalisme un type nouveau de rationalité »[320]. La saisie d'un tel type de rationalité oblige de distinguer le plan de l'invention et celui de la formalisation. C'est surtout sur le second plan, celui de la formalisation, que repose le travail de la métamathématique. Pour être plus précis, la métamathématique, dans son effort d'étudier la réalité mathématique et de la fonder, a été amenée à utiliser le formalisme dont l'utilité, la portée et la fécondité consistent dans l'effort de la représentation rigoureuse d'une théorie déjà constituée, et éventuellement y déduire des résultats nouveaux. En utilisant le formalisme, la métamathématique se propose surtout d'étudier les possibilités de démonstration de la théorie constituée et ses caractères structurels.

---

[318] J. LADRIÈRE, « Le théorème fondamental de Gentzen », p. 379.
[319] *Ibid.*, p. 380.
[320] *Ibid.*

On peut revenir à la distinction annoncée tout à l'heure entre le plan de l'invention et celui de la formalisation et voir à quel point se situer. Cela permettra de situer également le débat théorique sur la métamathématique et la recherche fondationnelle. Mais avant d'en arriver là, il est commode de noter, suivant des indications de Jean Ladrière, la mise en œuvre des types assez différents de rationalité que l'on peut faire correspondre au plan de l'invention et à celui de la formalisation.

Au plan de l'invention, le moment essentiel consiste en « la saisie d'un certain terme à l'intérieur d'un autre : il s'agit de lire en quelque sorte sur une réalité qui est déjà donnée une autre réalité qui, elle, n'était pas donnée, mais qui était enveloppée dans la première »[321]. L'effort à fournir à ce niveau est celui de la découverte d'une clé dans la recherche de la résolution d'un problème. Comme l'écrit Jean Ladrière, « cette clé correspond à un élément d'organisation des données, qui était présent d'une certaine manière en celles-ci, mais qui n'y était pas apparent ; il s'agit de découvrir un ordre, d'introduire par là une simplification, une unification grâce à laquelle le problème disparaît »[322]. La présence de la rationalité, dans cette démarche, se rend manifeste dans un effort qui se résume dans « une réduction du complexe : qu'il s'agisse d'un ordre à introduire, d'un élément plus primitif à dégager d'une donnée complexe, il s'agit toujours de trouver le schéma simplificateur qui fait l'unité d'une théorie ou d'un problème »[323]. Or trouver un tel schéma suppose la mise en œuvre d'un mécanisme d'interprétation à partir duquel on peut dégager cette unité.

On voit là une dimension essentielle de la compréhension que le plan de l'invention enveloppe. Cela suppose que la formulation d'un certain problème est toujours le point de départ du progrès. Le dénuement de ce problème exige de comprendre la situation, de l'interpréter,

---

[321] J. LADRIÈRE, « Le théorème fondamental de Gentzen », p. 381.
[322] *Ibid.*
[323] *Ibid.*

de saisir ce qui fait le lien de ses parties, de retrouver leur intériorité réciproque. D'où la conclusion que la rationalité de l'invention serait celle de l'unification, tandis que « l'irrationnel serait, par opposition, tout ce qui s'oppose à cette unification »[324].

Ces indications étant données, nous pouvons nous tourner vers le plan du formalisme, qui nous intéresse davantage, où le programme est tout autre. On l'a déjà mentionné, le formalisme est une méthode dont la mathématique se sert pour représenter les opérations de la pensée dans son effort de construction des êtres ou des objets. « Il s'agit ici de trouver une certaine représentation des opérations de la pensée qui les réduise à une simple manipulation de signes »[325]. Plus exactement, au moyen du formalisme, la pensée arrive à effectuer des opérations à partir desquelles la réduction dont il s'agit constitue un élément essentiel susceptible de rendre la représentation minimale. Ce souci induit qu'« ici aussi il s'agit d'une unification, mais au sens d'une économie de moyens ; il s'agit de réduire au minimum les ambiguïtés possibles, et pour cela, on s'efforcera de réduire au minimum les manipulations à effectuer et de leur donner la plus grande régularité possible »[326].

Une double mise en perspective s'annonce et s'amorce ici : elle peut se résumer dans le développement d'une axiomatique à contenu intuitif et d'une axiomatique formalisée. S'agissant du premier cas (c'est-à-dire d'une axiomatique à contenu intuitif) Jean Ladrière explique, en évoquant l'exemple de la géométrie ancienne, qu'on ne s'approche encore que d'assez loin de cet idéal. En ce sens le but qui est poursuivi ici « est surtout de manifester l'ordre qui existe entre les propositions de la théorie et de rendre possible un passage réglé des propositions les plus élémentaires aux plus complexes »[327].

---

324 J. LADRIÈRE, « Le théorème fondamental de Gentzen », p. 381.
325 *Ibid.*
326 *Ibid.*, p. 381-382.
327 *Ibid.*, p. 382.

Cet idéal est atteint dans une axiomatique formalisée, qui constitue le second cas, où la rationalité devient purement opératoire. Bien entendu, dans cette axiomatique, l'effort est « de décrire ce qui est nécessaire et suffisant pour que certaines déductions soient possibles : le choix des axiomes et des règles reste assez arbitraire et n'est guidé que par des raisons de commodité de calcul. L'idéal est celui d'une mécanisation aussi parfaite que possible des procédés »[328]. C'est ainsi que, dans cette axiomatique, la rationalité « ne repose plus sur la compréhension des éléments en présence (en quoi se fonde le lien déductif), mais sur l'usage de règles simples d'opération : le passage devient mécanique »[329]. Il y a comme une automatisation des démarches.

Il y a donc une mise en œuvre d'un arsenal symbolique au moyen duquel le théorème de Gentzen, en montrant l'existence de démonstrations canoniques, réduit la part d'imprévisibilité dans le calcul et introduit un degré plus élevé de rationalité dans le formalisme. Il met au jour une méthode de calcul au moyen de laquelle on découvre l'élément intelligible le plus abstrait possible. Une telle découverte est le résultat de l'effectuation de l'entreprise de formalisation, appelée à jouer indubitablement un rôle de portée centrale dans la théorie du fondement.

4.5. L'entreprise formaliste et la conscience de la limitation

Nous avons indiqué ci-dessus l'effort entrepris par l'école hilbertienne et dont la méthode de formalisation offre un aspect rigoureux dans la concrétisation d'un objet mathématique. Cette méthode matérialise une théorie mathématique donnée et joue un rôle efficace dans les recherches fondationnelles. Pour revenir au problème du fondement des mathématiques, on peut retenir que l'effort de l'entreprise formaliste conduit à la reconnaissance, non pas d'un échec, mais de ses propres limites. C'est suivant cet

---

[328] J. LADRIÈRE, « Le théorème fondamental de Gentzen », p. 382.
[329] *Ibid.*

angle que Jean Ladrière a mené une étude ingénieuse dont la formulation excellente est à la base d'une œuvre monumentale sur les limitations internes des formalismes. On remarque que l'effort de fonder l'existence mathématique sur la métamathématique met en exergue un caractère inachevé de la position du problème et d'ouverture. Par là, comme l'explique Jean Ladrière, c'est l'entreprise formaliste elle-même qui a l'avantage d'accuser « ce caractère d'inachèvement et d'ouverture, caractéristique de notre expérience et qui qualifie le devenir effectif de la raison »[330].

Cet aspect est de portée majeure dans la position qui est celle que nous soutenons et qui constitue une particularité dans la mesure où l'entreprise formaliste supprime la frontière entre mathématique et métamathématique et révèle le rôle irremplaçable de la raison dans la théorie du fondement, il devient indispensable de prolonger le débat sur la théorie du fondement en insistant non plus sur la portée des métasciences comme telles, mais sur celle de l'articulation de la raison comme instance fondatrice des disciplines scientifiques.

Cela sous-tend que sous l'influence de cette articulation se construit et se met en place l'image d'une raison qui revoit perpétuellement ses démarches, qui analyse progressivement et profondément les figures en lesquelles elle se reconnaît. Cet effort continu de révision de ses démarches et d'analyse progressive et profonde de ses objectités se réalise dans l'œuvre de fondation, qui est en même temps celle d'autofondation, d'autogénération, d'autocritique de la raison elle-même et d'abandon du projet d'homogénéisation des figures en lesquelles elle s'accomplit.

On pourrait dire que c'est la raison qui est à l'œuvre et sous-tend la théorie du fondement. C'est en elle que se situe la dualité caractéristique du formalisme dans la mesure où elle annonce une hétérogénéité entre le formalisme et

330 J. LADRIÈRE, « La philosophie des mathématiques et le problème du formalisme », p. 621.

l'intention génératrice qui le porte. Mais les avatars de la théorie du fondement constituent pour nous une base à partir de laquelle se justifie le point de vue où nous nous plaçons. Comme l'a bien indiqué Jean Ladrière dans le contexte de l'intervention de l'irrationnel en mathématique, le rôle que les constructions formelles y jouent est prépondérant. Il y a en mathématiques un mouvement de conquête du rationnel. Il y a dans ce mouvement quelque chose qui montre comment s'opère le renforcement des prises de la raison sur toute la construction de l'édifice mathématique.

Le formalisme est un dispositif dans lequel s'accomplit l'objectivation du projet mathématique. Il est le langage par excellence dans lequel se construit et s'exprime la pensée mathématique[331]. On peut, en un sens, dire que dans le formalisme s'accomplit la réflexivité du projet mathématique. On peut, selon ce point de vue, considérer que l'entreprise de la formalisation elle-même est la manifestation visible de l'articulation de la raison. Les métasciences nous présentent les avatars de la théorie du fondement dont les vraies assises sont contenues dans le projet d'articulation de la raison. C'est ce que l'on peut lire dans ces propos de Jean Ladrière :

> À travers les avatars de la théorie du fondement, c'est en effet la figure de la raison qui se précise en se transformant. À l'image audacieuse d'une raison toujours victorieuse, de plus en plus maîtresse du monde et d'elle-même, se substitue l'image plus humble d'une raison incertaine, toujours militante et toujours contestée. À l'idée d'une intégration totale dans l'homogène se substitue l'idée d'une démarche progressive, discontinue, obligée d'assurer ses pas un à un en s'adaptant perpétuellement aux nécessités imprévues du

---

331 Faisant allusion aux mathématiques et à la logique mathématique, Yuen Ren Chao estime qu'on ne devrait pas parler de la langue des mathématiques ou de la logique mathématique. Pour lui, ces disciplines utilisent des symboles qui, souvent, ne sont pas prononçables ou se prononcent avec une grande difficulté. Y. R. CHAO, *Langage et systèmes symboliques* (trad. Louis-Jean Calvet), Paris, Payot, 1970, p. 18.

terrain ; à l'ambition d'une réflexion totale se substitue la reconnaissance d'une dualité toujours nécessaire[332].

À partir de là on peut dégager les limites de l'idée selon laquelle les métasciences constituent des instances fondatrices des sciences. Ce dégagement conduit à poser qu'on ne peut plus considérer que les métasciences constituent des instances supérieures chargées d'assurer la cohérence et la consistance à l'édifice scientifique. Elles ne sont que des moyens que la raison utilise pour tenter d'assurer la cohérence et la consistance à l'édifice scientifique. Cet état de choses nous oblige à préciser que c'est la raison elle-même qui est cette instance fondatrice de tout l'édifice scientifique[333]. Mais en tant que telle, la raison en arrive à constituer, pour l'édifice scientifique, un espace qui offre à cet édifice des moyens de s'auto-fonder, de s'autocritiquer, de se remettre sans cesse en question. Ainsi, la science constitue un lieu privilégié de rationalité[334]. Plus précisément, elle est une raison objectivée, « s'exposant à partir de ses propres ressources, en vertu d'une expansivité en laquelle s'annonce cette infinité que fait pressentir le processus de la justification »[335].

Ce n'est qu'un idéal. Mais un tel idéal ne peut être atteint que si l'on accorde à la raison sa pleine valeur, toute sa portée dans l'œuvre de fondation. C'est la raison qui nous offre une concaténation des schèmes, des critères, des idées et des principes sur lesquels nous sommes appelés à fonder l'édifice scientifique. Ces critères, ces schèmes, ces idées et ces principes ne sont jamais absolus ; on peut les falsifier, les réviser, les remanier, les réajuster. La raison nous fournit des moyens à partir desquels nous devons organiser le donné, le structurer. Elle nous offre également des res-

---

332 J. LADRIÈRE, « La philosophie des mathématiques et le problème du formalisme, p. 621.

333 Cet aspect reste d'une importance capitale dans la réflexion qui sous-tend notre position.

334 Ph.VAN PARIJS, « Jean Ladrière ou l'expérience de l'opacité », p. 119-127.

335 J. LADRIÈRE, « Les institutions de la raison », p. 36.

sources à partir desquelles nous pouvons réorganiser et remanier les schèmes, les critères, les idées et les principes sur lesquels nous faisons reposer l'édifice scientifique tout entier : « La tâche de la raison se formule ainsi simultanément comme celle d'une archéologie et d'une hénologie »[336]. Cette fonction d'archéologie et d'hénologie que la raison assume est en même temps celle au moyen de laquelle la raison révèle son identité dans la visée de sa radicalité. « De telle sorte que la recherche du fondement est nécessairement aussi une archéologie de la raison et que, corrélativement, la recherche de la totalité est nécessairement aussi une téléologie de la raison »[337].

C'est à partir de là qu'il est désormais possible d'envisager une nouvelle position de la théorie du fondement. Cette nouvelle position d'un ancien problème nous situe dans un débat qui nous permet de considérer que les métasciences ne constituent qu'une étape essentielle dans la théorie du fondement des sciences. En rester là serait alors priver l'édifice scientifique de sa vraie consistance, de sa véritable cohérence. C'est suivant ce point de vue que nous pensons, quant à nous, que la raison constitue cette instance sur laquelle l'édifice scientifique s'appuie, trouve les voies et les moyens de son approfondissement. C'est la raison qui offre à l'entreprise scientifique les outils au moyen desquels elle doit construire une connaissance solide, mais capable de prendre conscience de ses propres limites, de sa dimension précaire. C'est en cela que s'articule effectivement la raison.

Pour Jean Ladrière, la raison imaginative joue un rôle primordial dans l'élaboration de l'édifice scientifique. C'est elle qui procède à l'élaboration des critères et des principes à partir desquels on construit des hypothèses et on les vérifie pour les rendre valides. C'est encore elle qui permet à la science de contrôler ses démarches, d'élaborer un langage adéquat et de proposer des régularités générales

336 J. LADRIÈRE, « Les figures de la raison », p. 117.
337 *Ibid.*

sur le donné. C'est sous cet angle d'analyse que l'on peut considérer le rôle et la valeur de la raison[338].

Jean Ladrière pense que la valeur de la raison, dans la construction de l'édifice scientifique, se résume dans sa capacité à lui assurer la consistance, la cohérence. Il porte un accent particulier sur l'importance que la raison accorde au donné dans la construction de l'édifice scientifique. On peut, plus exactement, noter que, dans la mesure où elle contrôle ses propres démarches, la raison permet à l'édifice scientifique de sélectionner les meilleures conjectures qu'elle lui propose. On ne peut s'empêcher sans doute de reprendre les mots de Jean Ladrière, vu leur teneur :

> La raison, écrit-il, garde sa valeur, elle est capable d'atteindre du certain, mais c'est à la condition de contrôler perpétuellement ses démarches, de revenir sans cesse au sol intuitif sur lequel elle est obligée de s'appuyer. Elle n'opère plus sur le signe du définitif mais du précaire. Elle se détourne du système et tient près du concret. Elle cesse de dépasser le donné vers des intentions fixées a priori, de durcir le projet en fins idéales, elle revient vers la vie même du projet et vers ses sources, elle s'accomplit pas à pas, dans l'effectuable[339].

On comprend dès lors que la raison se déploie dans un approfondissement continuel de ses démarches. Cet approfondissement continuel de la pensée, comme l'a suggéré Jean Ladrière, « est en même temps une récupération de sa démarche originelle »[340]. Il constitue un socle qui rend compte de la dimension de la réflexivité qui accompagne la construction de l'édifice scientifique. C'est dans cet ordre d'idées que nous pouvons interpréter ce que nous pouvons atteindre par l'entremise de l'édifice scientifique : « Ce que la science nous permet ainsi d'atteindre en ses moments de plus grande réflexivité, c'est la figure générale d'une évolution par laquelle la raison,

---

[338] N. KALINDULA, *Exigence critique...*, p. 28.

[339] J. LADRIÈRE, « La philosophie des mathématiques et le problème du formalisme », p. 621-622.

[340] *Ibid.*, p. 601.

provisoirement durcie dans l'assurance d'une réussite indéfinie, reconnaît et intègre son échec pour préparer une nouvelle phase de l'histoire de l'idée »[341]. C'est dans la perspective de la reconnaissance et de l'intégration des limites de la fondation de l'édifice scientifique sur la dimension métascientifique qu'une nouvelle position de la théorie du fondement est appelée à s'amorcer.

Nous pourrions, et c'est là un point central pour notre propos, de ce point de vue, considérer que la théorie du fondement des sciences offre un cadre sous lequel l'entreprise de la raison, en tant qu'instance fondatrice, est à l'œuvre et se rend davantage manifeste. L'institution des métasciences dans la théorie du fondement est elle-même une entreprise de la raison. On pourrait même comparer le rôle des métasciences, dans la théorie du fondement des sciences, à celui d'une technique dans une méthode. L'analyse d'une telle image donne à penser que les métasciences, pourrait-on dire, relèvent d'une tactique de la raison[342]. Cette tactique consiste en l'invention des instances supérieures chargées d'assurer la cohérence de l'édifice scientifique. Mais elles ne constituent pas une instance ultime et fondatrice des sciences, instance qui, elle, relève de la stratégie que la raison élabore afin d'offrir à l'édifice scientifique un cadre qui puisse effectivement lui assurer sa cohérence, sa consistance. C'est parce que la raison est stratège qu'elle est capable de prendre conscience de ses propres limites et de ses propres pouvoirs.

---

341 J. LADRIÈRE, « La philosophie des mathématiques et le problème du formalisme », p. 622.

342 Ce point de vue va dans le sens d'un article de Jean-Pierre Bréchet et Gérard Gigand publié dans la revue *Nature, sciences sociétés* vol.23, n° 2 (avril-juin 2015), p. 120-132 intitulé « La perception au fondement de la connaissance. Les enseignements d'une ingénierie représentationnelle ternaire ».

CONCLUSION

Construire un lien entre la connaissance rationnelle et la théorie du fondement des sciences est une nécessité épistémologique. Cette nécessité s'explique en ce sens qu'elle nous porte vers un univers qui met essentiellement un accent important sur la valeur et l'impact d'un travail de critique.

On le sait, c'est au moyen d'un travail rigoureux que l'on arrive à construire une connaissance critique. Et comme nous l'avons récemment relevé dans un ouvrage consacré à l'exigence critique, le concept de connaissance critique ouvre à des péripéties grâce auxquelles la connaissance scientifique parvient à se justifier, à discerner ce qui en elle est pertinent et à se prononcer sur la valeur et les limites de ce qu'elle propose[343].

La portée de la justification repose sur la capacité de discernement et de séparation de ce qui est valable et de ce qui n'est pas valable, de ce qui est fondé et de ce qui ne l'est pas. Cette capacité suppose un effort critique au moyen duquel on construit une connaissance critique qui, à tout le moins, est en mesure de se construire dans une démarche à la fois réflexive et rigoureuse. La connaissance critique se dédouble, survole à chaque instant ce qu'elle est en train d'accomplir. Elle ne possède pas d'avance les principes grâce auxquels « elle pourra porter ses appréciations, elle construit ces principes à mesure qu'elle s'exerce »[344].

On retrouve dans ces éléments les caractères d'une connaissance fondée, qui se construit sur base des normes qui permettent la critique et qui mettent en œuvre les mécanismes d'autoévaluation. Elle a conscience de son efficace. Elle « accompagne toujours ses démarches (en tout cas en principe) d'une réflexion méthodologique, destinée à

343 N. KALINDULA, *Exigence critique...*, p. 159.

344 J. LADRIÈRE, *Les enjeux de la rationalité. Le défi de la science et de la technologie aux cultures*, Paris, Aubier Montaigne — UNESCO, 1977, p. 128.

guider le choix des procédures employées et à porter un jugement sur la valeur des résultats qu'on peut en attendre — et, à un plan plus profond, d'une réflexion épistémologique, destinée à mettre en lumière, de façon aussi exacte que possible, la portée et les limites des méthodes mises en œuvre, des résultats obtenus, des explications proposées, et en définitive des démarches mêmes en lesquelles se concrétise l'entreprise scientifique »[345].

Ces caractères font évidemment état des liaisons étroites entre les aspects de la connaissance rationnelle et le souci de se fonder. En ces liaisons s'exprime la valeur de la thématisation et d'auto-instauration de la démarche réflexive et rigoureuse qui marque à la fois l'activité philosophique et l'édifice scientifique. Au moyen des ressources que la raison offre à l'activité scientifique, celle-ci construit un savoir critique et authentique, qui a un pouvoir auto-justificatif ou, ce qui revient au même, est capable d'effectuer un discernement sur lui-même.

Dans le domaine des sciences formelles règne l'idée de connaissance rationnelle. On y construit des schémas par le biais desquels on transfère les privilèges de cette connaissance. Il y a une normativité immanente caractéristique de l'édifice scientifique. Il y a en même temps un double moment qui caractérise cet édifice lui-même : le moment de la création et le moment de la réflexivité. Ce double moment, dû aux crises qui sont apparues au sein des sciences, a mis en évidence la nécessité d'un examen critique approfondi et des procédures canoniques. Cet examen critique a dominé les recherches sur les fondements. D'où la portée des métasciences. Celles-ci ont mis en œuvre un outil réflexif et en même temps un instrument rigoureux d'analyse et de formulation. Dans le domaine des fondements des mathématiques, la métamathématique répond à l'exigence de réflexivité. Mais le rôle le plus significatif est celui qu'a joué la méthode de formalisation.

---

[345] J. LADRIÈRE, *L'articulation du sens.* II., p. 260.

Jean Ladrière a mis en évidence la place décisive de la science des formalismes et de la puissance prodigieuse des formalismes caractérisés par l'exigence de réflexivité et de rigueur. Il a montré que les formalismes demeurent un lieu où se découvre l'opérativité de la raison. Une telle découverte est liée à une interprétation de la réalité qui se construit selon les métaphores aristotéliciennes du chemin et de la source[346]. De même que le fleuve s'écoule à partir de la source, qui est « ce milieu où tout commence et se décide et dont la vertu ne cesse d'opérer en chaque moment du processus qui en est issu »[347], de même les sciences s'originent en la raison dont elles procèdent fondamentalement. Mais on a là une raison qui prend conscience de sa finitude et qui est en perpétuelle adaptation aux nécessités imprévues du terrain : la fondation n'est jamais absolue.

---

346 J. LADRIERE, *L'espérance de la raison,* p. 220.
347 *Ibid.*

BIBLIOGRAPHIE

AGAZZI Evandro

1. « Mathématique », in AUROUX, Sylvain (éd.), *Encyclopédie philosophique universelle.* II. *Les notions philosophiques. Dictionnaire.* 2, Paris, PUF, 1990, p. 1560-1561.

BERTEN André

1. « Formalisme, sens et pragmatique », in GREISCH Jean et FLORIVAL Ghislaine (éds.), *Création et événement. Autour de Jean Ladrière,* Centre International de Cerisy-la-Salle. Actes de la Décade du 21 au 31 août 1995, Louvain - Paris, Peeters, 1996, p. 255-269.

BLANCHÉ René

1. *L'axiomatique* (Quadrige, 116), Paris, PUF, 1995.

BOREL Émile

1. « L'évolution de l'intelligence géométrique », in BERGSON, H., *L'évolution créatrice.* (Quadrige). La première édition critique de Bergson sous la direction de Frédéric Worms.11e édition, Paris, PUF, 2009, p. 605-611.

BULTOT René

1. « Historicité et vérité d'un point de vue d'historien », in *Le Supplément* 188-189 (janvier-juin 1994), p. 263-289.

CALLEBAUT Werner

1. « Réduction et explication mécaniste en biologie », in *Revue philosophique de Louvain* 93 (février-mai 1995) n° 1-2, p. 33-66.

CALLOT Émile

1. *La philosophie de la science et de la nature. Essais dialectiques et critiques sur la forme et le contenu de la connaissance de la réalité sensible,* Paris, Ophrys, 1979.

CANGUILHEM Georges

1. *Idéologie et rationalité dans l'histoire des sciences de la vie. Nouvelles études d'histoire et de philosophie des sciences.* 2e édition revue et corrigée. Paris, J. Vrin, 2000.

CASSIRER Ernst

1. *Le problème de la connaissance dans la philosophie et la science des temps modernes.* 1. *De Nicolas de Cues à Bayle* (trad. R. Fréreux), Paris, Cerf, 2004.

CAVAILLES Jean

1. *Sur la logique et la théorie de la science,* 2e édition, Paris, PUF, 1960.

COURNOT André

1. *Essais sur les fondements de nos connaissances,* Paris, Vrin, 1975.

CROMMELINCK Marc

1. « Quand la trace des souvenirs se dévoile au fond d'une coupelle. À propos du réductionnisme et des neurosciences », in *Revue philosophique de Louvain* 93 (février-mai 1995) n° 1-2, p. 156.

DAHAN-DALMEDICO Amy et PEIFFER Jeanne

1. *Une histoire des mathématiques. Routes et dédales,* Paris, Seuil, 1996.

DIMANDJA Eluy'a Kondo Célestin

1. *Le systémisme comme théorie et comme philosophie* suivi de *Pour la cause de l'esprit* par Jean LADRIÈRE, Kinshasa, Noraf, 2014.
2. *La normativité immanente des théories,* Kinshasa, Noraf, 2015.

DUMERY Henri

1. « Sciences », in *Encyclopaedia Universalis.* Corpus 16. Paris, Encyclopaedia Universalis France, 1985, p. 548.

FELTZ Bernard

1. *La science et le vivant. Philosophie des sciences et modernité critique,* 2e édition revue et augmentée, Louvain-la-Neuve, De Boeck supérieur s.a., 2014.

2. « Rationalité et/ou contextualité de la recherche en biologie », dans *Ludus vitalis* II (1994) n° 3, p. 93-114.
3. « Le réductionnisme en biologie. Approches historique et épistémologique », in *Revue Philosophique de Louvain* 93 (février-mai 1995) n° 1-2, p. 9-32.
4. « Le concept de sélection naturelle : entre science et idéologie », in *Revue des Questions Scientifiques* 168 (1997) n° 4, p. 359-369.

FELTZ Bernard et GHINS Michel (éds.)

1. *Les défis de la rationalité.* Actes du Colloque organisé par l'Institut Supérieur de Philosophie (UCL) à l'occasion des 80 ans de Jean Ladrière. Louvain-la-Neuve - Louvain - Paris - Dudley, Éditions de l'Institut Supérieur de Philosophie - Peeters, 2005.

FOUCAULT Michel

1. *Les mots et les choses. Une archéologie des sciences humaines*, Paris, Gallimard, 1966.

FRANCK Robert

1. « Mosaïques, machines, organismes et sociétés. Examen métadisciplinaire du réductionnisme », in *Revue philosophique de Louvain* 93, n° 1-2 (février-mai 1995), p. 67-81.

GANDON Sébastien et SMADJA Ivan (éds.)

1. *Philosophie des mathématiques. Ontologie, vérité, fondements* (trad. A.-M. Boivert, S.Gandon, B. Halimi, I. Ly, S. Maronne, I.Smadja, B.Timmermans), Paris, Vrin, 2013.

GAUTHIER Yvon

1. *Méthodes et concepts de la logique formelle*, Montréal, PUM, 1981.
2. *De la logique interne*, Paris, Vrin, 1991.

GIRALDO-RESTREPO Gilberto

1. « Métascience », in AUROUX Sylvain (éd.), *Encyclopédie philosophique universelle.* II. *Les*

*notions philosophiques. Dictionnaire.*2. 1re édition, Paris, PUF, 1990, p. 1625.

GRANGER Gilles Gaston

1. *La Raison,* Paris, PUF, 1955.
2. *Essai d'une philosophie du style,* Paris, Armand Colin, 1968.
3. *Leçon inaugurale faite le Vendredi 6 mars 1987,* Paris, Collège de France, 1987.
4. « Catégories et raison », in JACOB André (éd.), *Encyclopédie philosophique universelle.* I. *L'univers philosophique.* 1re édition, Paris, PUF, 1989, p. 528-541.
5. *La vérification.* Paris, Odile Jacob, 1992.
6. « Épistémologie », in *Encyclopaedia Universalis.* Corpus 8. Paris, Encyclopaedia Universalis France, 1996, p. 565.

GREISCH Jean et FLORIVAL, Ghislaine (éds.)

1. *Création et événement. Autour de Jean Ladrière,* Centre International de Cerisy-la-Salle. Actes de la Décade du 21 au 31 août 1995, Louvain – Paris, Peeters, 1996.

HUSSERL, Edmund

1. *Idées directrices pour une phénoménologie et une philosophie phénoménologique pure.* I. *Introduction générale à la phénoménologie pure* (trad. P. Ricœur), 5e édition, Paris, Gallimard, 1950.
2. *Méditations cartésiennes. Introduction à la phénoménologie* (trad. G. Peiffer et E. Levinas), Paris, Vrin, 1980.

KALINDULA Norbert

1. *La raison, sa structure, ses formes et son devenir selon Jean Ladrière,* Kinshasa, Noraf, 2015.
2. *Jean Ladrière et la problématique de la rationalité scientifique,* Paris, Edilivre, 2015.
3. « Le rôle de la raison dans la théorie du fondement des sciences d'après Jean Ladrière », dans *Recherches scientifiques africaines. Tendances,*

débats et résultats. (RSA 1), Kinshasa, Presses de l'UCC–Noraf, 2017, p. 78-114.

4. « Limitation et circularité d'après Jean Ladrière », in LECLERCQ, J (éd.), *Herméneutique de l'existence.* Actes du colloque international organisé par l'Institut supérieur de Philosophie de l'UCL du 24 au 25 novembre 2017 à l'occasion du 10e anniversaire de la mort de Jean Ladrière, Louvain-la-Neuve, Presses universitaires de Louvain, 2019, p. 291-316.
5. *Exigence critique, rationalité et méthodologie des sciences. Penser avec Jean Ladrière.* Louvain-la-Neuve, Academia, 2019.

KANT, Emmanuel

1. *Critique de la raison pure (*Index analytique établi par Patrick Savidan, trad., présentation et notes A. Renaut), 3e édition corrigée, Paris, Flammarion, 2006.

KLEENE, Stephen

1. *Logique mathématique* (trad. J. Largeault), Paris, Armand Colin, 1971.

LADRIÈRE Jean

1. « Concepts scientifiques et idées philosophiques », in DE RAEYMAEKER Louis (éd.), *La relativité de notre connaissance.* Louvain, Éditions de l'Institut Supérieur de Philosophie, 1946, p. 103-156.
2. « Le Congrès International de Philosophie des Sciences », in *Revue philosophique de Louvain* 48 (1950), p. 102-119.
3. *Les limitations internes des formalismes. Étude sur la signification du théorème de Gödel et des théorèmes apparentés dans la théorie des fondements des mathématiques.* Leuven - Paris, éd. Nauwelaerts - Gauthier - Villars, 1957, réédité à Paris, J. Gabay, 1992.
4. « La philosophie des mathématiques et le problème du formalisme », in *Revue philosophique de Louvain* 57 (1959), p. 600-622.

5. « Historicité et destinée », in *Revue philosophique de Louvain*, t. 58 (1960), p. 103-134.
6. « Déterminisme et liberté. Nouvelle position d'un ancien problème : le modèle de Popper », dans *Revue philosophique de Louvain* 65 (1967), p. 467-497.
7. « Sens et système », in *Esprit* (mai 1967) n° 360, p. 822-824.
8. « La philosophie des sciences », in WIGNY, P. (dir.), *La nouvelle bibliothèque de l'honnête homme*. Anvers, Imprimerie Excelsior, 1968, p. 695-708.
9. *L'articulation du sens. Discours scientifique et parole de la foi*. Paris, Aubier Montaigne - Cerf - Delachaux & Nestlé - Desclée de Brouwer, 1970.
10. « Langage scientifique et langage spéculatif », in *Revue philosophique de Louvain* 69 (février 1971), Quatrième série, n° 1, p. 92-132.
11. *La science, le monde et la foi*. Tournai, Casterman, 1972.
12. *Vie sociale et destinée*. Gembloux, Duculot, 1973.
13. « Vérité et praxis dans la démarche scientifique », in *Revue philosophique de Louvain* LXXII (1974), p. 284-310.
14. « L'inertie du champ épistémologique », in *Colloques d'Histoire des sciences*, Louvain, Bureau du Recueil, Bibliothèque de l'Université - Editions Nauwelaerts, 1976, p. 3-12.
15. « L'Abîme », in *Savoir, faire, espérer : les limites de la raison*, Bruxelles, Facultés universitaires Saint-Louis, 1976, p. 171-191.
16. « La philosophie et son passé. Durée et simultanéité », in *Revue philosophique de Louvain* 75 (1977), p. 332-357.
17. *Les enjeux de la rationalité. Le défi de la science et de la technologie aux cultures*, Paris, Aubier Montaigne - UNESCO, 1977.
18. « Les sciences humaines et le problème de la scientificité », in *Les Études Philosophiques* 2 (1978), p. 131-150.

19. « Philosophie et politique », in *Qu'est-ce que l'homme ? Philosophie/Psychanalyse. Hommage à Alphonse De Waelhens (1911-1981),* Bruxelles, Facultés universitaires Saint-Louis, 1982, p. 303-324.
20. *L'articulation du sens.* I. *Discours scientifique et parole de la foi.* Paris, Cerf, 1984.
21. *L'articulation du sens.* II. *Les langages de la foi.* Paris, Cerf, 1984.
22. « Système », in *Encyclopaedia Universalis.* Corpus 17. Paris, Encyclopaedia Universalis France, 1985, p. 585-588.
23. « Sciences et discours rationnel », in *Encyclopaedia Universalis.* Corpus 16. Paris, Encyclopaedia Universalis France, 1985, p. 551-555.
24. « La normativité de la pensée scientifique », in HOTTOIS, G. (éd.), *Philosophie et sciences.* Bruxelles, Éditions universitaires de Bruxelles, 1986, p. 25-47.
25. « Le devenir de la raison », in *Revue Nouvelle* 84 (1986), p. 229-247.
26. « La vérité et ses critères », in *Revue théologique de Louvain* 18 (1987), p. 147-170.
27. « Monde », in *Encyclopaedia Universalis.* Corpus 12. Paris, Encyclopaedia Universalis France, 1988, p. 519-522.
28. « Représentation et connaissance », in *Encyclopaedia Universalis.* Corpus 15. Paris, Encyclopaedia Universalis France, 1988, p. 904-906.
29. « Nomothétique », in AUROUX Sylvain (éd.), *Encyclopédie philosophique universelle.* II. *Les notions philosophiques. Dictionnaire.* 2. *Philosophie occidentale : M-Z. Pensées asiatiques. Conceptualisation des sociétés traditionnelles. Tables analytique,* 1re édition. Paris, PUF, 1990, p. 1764-1765.
30. « Opérationnalisation », in AUROUX Sylvain (éd.), *Encyclopédie philosophique universelle.* II. *Les notions philosophiques. Dictionnaire.* 2. *Philosophie*

occidentale : M-Z. Pensées asiatiques. Conceptualisation des sociétés traditionnelles. Tables analytique, 1re édition, Paris, PUF, 1990, p. 1808-1809.

31. « Herméneutique et épistémologie », in GREISCH Jean et KEARNEY René (éds.), *Paul Ricœur. Les métamorphoses de la raison herméneutique*, Paris, Cerf, 1991, p. 107-125.
32. « Les figures de la raison », in FLORIVAL Ghislaine. (éd.), *Figures de la rationalité. Études d'anthropologie philosophique*. IV. (Bibliothèque Philosophique de Louvain 34). Paris – Louvain-la-Neuve, Librairie Philosophique J. Vrin –Éditions de l'Institut Supérieur de Philosophie – Librairie Peeters, 1991, p. 105-128.
33. « La pertinence d'une philosophie de la nature aujourd'hui », in INSTITUT CATHOLIQUE DE PARIS, *De la nature. De la physique classique au souci écologique* (Présentation de Pierre Colin), Paris, Beauchesne, 1992, p. 63-93.
34. « Interprétation et vérité », in *Laval théologique et philosophique* vol.49, n° 2 (juin 1993) *Contributions à l'épistémologie des sciences humaines et de la théologie : hommage à Jean Ladrière*, p. 189-199.
35. « Le projet philosophique et la foi chrétienne », in *Revue philosophique de Louvain* 92 (1994), p. 295-311.
36. « Historicité et vérité. Approche philosophique », in *Le Supplément* 188-189 (janvier-juin 1994), p. 11-41.
37. « L'espérance de la raison », in GREISCH Jean et FLORIVAL Ghislaine (éds.), *Création et événement. Autour de Jean Ladrière.* Centre International de Cerisy-la-Salle. Actes de la décade du 21 au 31 août 1995. Louvain-la-Neuve – Paris, Éditions de l'Institut Supérieur de Philosophie – Peeters, 1996, p. 361-387.

38. *L'éthique dans l'univers de la rationalité*. Namur - Québec, Artel - Fides, 1997.
39. « La forme et le sens », in JACOB André (éd.), *Encyclopédie philosophique universelle.* I. *L'univers philosophique,* 3e édition, Paris, PUF, 1997, p. 478-492.
40. « L'ultime du savoir et la rencontre de l'ultime. Religion et sciences », in *Archives de Philosophie* 63 (avril-juin 2000) cahier 2, p. 183-194.
41. *Les enjeux de la rationalité. Le défi de la science et de la technologie aux cultures*. Nouvelle édition suivi de *Existence, éthique et rationalité,* Montréal, Liber, 2001.
42. « Science et théologie », in *Revue théologique de Louvain* 34 (octobre 2003), p. 3-26.
43. *La foi chrétienne et le destin de la raison*, Paris, Cerf, 2004.
44. *Sens et vérité en théologie. L'articulation du sens*. III, Paris, Cerf, 2004.
45. *Le temps du possible*, Louvain-la-Neuve - Louvain - Paris–Dudley, Éditions de l'Institut Supérieur de Philosophie - Peeters, 2004.
46. *L'espérance de la raison*, Louvain-la-Neuve - Louvain - Paris–Dudley, Éditions de l'Institut Supérieur de Philosophie - Peeters, 2004.
47. « Science et théologie », in GAZIAUX Éric (éd.) *Perspectives sur la recherche théologique contemporaine. Conférences de l'École doctorale en théologie (2002-2004).* (Cahiers de la Revue théologique de Louvain, 37), Louvain-la-Neuve, 2005, p. 35-57.
48. « Les institutions de la raison », in FELTZ, B. et GHINS, M. (éds.), *Les défis de la rationalité*. Actes du Colloque organisé par l'Institut Supérieur de Philosophie (UCL) à l'occasion des 80 ans de Jean Ladrière. Louvain-la-Neuve - Louvain - Paris - Dudley, Éditions de l'Institut Supérieur de Philosophie - Peeters, 2005, p. 17-49.

49. « Comment et pourquoi, personnellement, je crois », in *Revue philosophique de Louvain* 106 (mai 2008) n° 2, p. 248-269.

LAMBERT Dominique

1. « Historicité et Vérité. Un point de vue de physicien », in *Le Supplément. Revue d'éthique et de théologie morale* 188-189 (janvier-juin 1994), p. 107-123.
2. « Vers de nouvelles interactions entre mathématiques et biologie », in *Revue Philosophique de Louvain* 93 (février-mai 1995) n° 1-2, p. 82-92.

LAVENDHOMME René

1. « Vérité, historicité et mathématiques », in *Le Supplément* 188-189 (janvier-juin 1994), p. 81-96.

MAESSCHALCK Marc

1. « Éthique et institution. Actualité de la pensée de Jean Ladrière pour une "éthique des Droits humains", in *Laval théologique et philosophique* vol. 57, n° 3 (octobre 2001), p. 447-468.

MALHERBE Jean.-François

1. « Le scientisme du Cercle de Vienne », in *Revue philosophique de Louvain* 72 (1974), Quatrième série, n° 15, p. 562-573.
2. *Le langage théologique à l'âge de la science. Lecture de Jean Ladrière*, Paris, Cerf, 1985.
3. « Jean Ladrière. Des limitations internes aux espérances de la raison », in *Laval théologique et philosophique* 57,3 (octobre 2001), p. 415-420.

PARAIN-VIAL Jeanne

1. *Philosophie des sciences de la nature. Tendances nouvelles*, Paris, Klincksieck, 1985.

Philosophie de la connaissance. Croyance, connaissance, justification (Textes réunis par J. Dutant et P. Engel, trad. E. Bourgognon, A. Brunet, N. Cominotti, J. Dutant, P. Egré, P. Engel, E. Glon, F. Roudaut), Paris, J. Vrin, 2005.

RIEU, A.-M,

1. « Philosophie et science moderne », in AUROUX, S. (éd.), *Encyclopédie philosophique universelle.* II. *Les notions philosophiques. Dictionnaire.*2. 1re édition. Paris, PUF, 1990, p. 2322.

THOM René

1. « Formalisme et scientificité », in *Les Études Philosophiques* 2 (1978), p. 171-178.

TABLE DES MATIÈRES

www.ingramcontent.com/pod-product-compliance
Lightning Source LLC
LaVergne TN
LVHW010949051026
849532LV00003B/1188